全国优秀教材二等奖

 “十四五”职业教育国家规划教材

 “十二五”职业教育国家规划教材

经全国职业教育教材审定委员会审定

普通高等教育“十一五”国家级规划教材

高职高专机械类专业基础课系列教材

液压与气动技术

第 5 版

主　编　赵　波　王宏元

副主编　唐建生

主　审　赵　捷

机械工业出版社

本书不仅是普通高等教育"十一五"国家级规划教材，而且是"十二五"职业教育国家规划教材。它是按照教育部对高职高专教育人才培养工作的指导思想，结合教育部新世纪课题"高职高专教育机械基础课程教学内容体系改革、建设的研究与实践"，在广泛吸取与借鉴近年来高职高专教学经验的基础上编写的。

本书主要介绍液压与气压传动的基本概念与理论，液压与气动元件及辅件的结构和使用、常见故障与排除，液压与气动系统基本回路、常见故障与排除，以及液压与气动系统的设计方法等。

针对高职高专教学的特点，本书从工程应用的角度出发，在基本理论部分着重强调一些重要基本概念的物理意义，强调理论与实际相联系。书中列举了大量工程应用实例，充分体现了理论内容"以必需、够用为度"的原则，突出对学生应用能力和综合素质的培养。另外，本书还介绍了一些新元件，如新型气缸等。

本书可供高职高专院校及成人职业教育机械类、机电类专业师生，以及参加自学考试的学生使用，也可作为有关工程技术人员的参考用书。

图书在版编目（CIP）数据

液压与气动技术/赵波，王宏元主编. —5 版. —北京：机械工业出版社，2020.1（2024.8 重印）
"十二五"职业教育国家规划教材　普通高等教育经全国职业教育教材审定委员会审定　"十一五"国家级规划教材　高职高专机械类专业基础课系列教材
ISBN 978-7-111-65021-8

Ⅰ.①液…　Ⅱ.①赵…②王…　Ⅲ.①液压传动-高等职业教育-教材②气压传动-高等职业教育-教材
Ⅳ.①TH137②TH138

中国版本图书馆 CIP 数据核字（2020）第 039874 号

机械工业出版社（北京市百万庄大街 22 号　邮政编码 100037）
策划编辑：王振国　　　　　责任编辑：王振国
责任校对：李锦莉　刘丽华　封面设计：鞠　杨
责任印制：常天培
北京华宇信诺印刷有限公司印刷
2024 年 8 月第 5 版·第 12 次印刷
184mm×260mm·12.25 印张·300 千字
标准书号：ISBN 978-7-111-65021-8
定价：39.80 元

电话服务　　　　　　　　　网络服务
客服电话：010-88361066　　机　工　官　网：www.cmpbook.com
　　　　　010-88379833　　机　工　官　博：weibo.com/cmp1952
　　　　　010-68326294　　金　书　网：www.golden-book.com
封底无防伪标均为盗版　机工教育服务网：www.cmpedu.com

教育部教改项目成果

"高职高专机械类专业基础课系列教材" 编委会

序

　　为认真贯彻《中共中央国务院关于深化教育改革全面推进素质教育的决定》和《面向21世纪教育振兴行动计划》，研究高职高专新世纪的发展目标和改革措施，推进高职高专教学改革，培养"应用性"高技能人才，教育部高等教育司函〔2002〕38号决定组织实施"高职高专教育机械基础课程教学内容体系改革、建设的研究与实践"课题的研究。本套"高职高专机械类专业基础课系列教材"正是河南工业大学（原郑州工业高等专科学校）、河南工业职业技术学院、辽宁省交通高等专科学校和山东劳动职业技术学院根据教育部高等教育司精神，投入大量的人力、物力和财力，经过大量的研究、探索和实践所取得的丰硕成果。

　　20世纪90年代以来，中共中央、国务院非常重视高职高专教育，在积极发展高等教育的同时，提出了大力发展高等职业教育的方针，并相继出台了一系列政策和措施，大大推动了我国高职高专教育的改革与发展。多年的改革实践形成了高职高专教育人才培养模式的共识，即"以培养高等技术应用性人才为根本任务；以适应社会需求为目标；以培养技术应用能力为主线"。根据这一形势和教育部的教改精神，课题组对目前国内外高职高专教育进行了广泛深入的调查研究。

　　新世纪高职教育的主要特点为：教育国际化、课程综合化和教育终身化。这些特点要求高职院校培养的学生应具有良好的综合素质，较全面的基础知识，必备的专业技能，面向市场的较强的竞争能力。新世纪是信息化的时代，以信息科学为代表的高新科技向机械行业渗透，使得现代化的机械制造是传统机械制造技术与信息、自动化和现代管理科学的有机融合。

　　课题组经过反复调研论证认为，高职高专培养的人才应是：具有良好的综合素质，"必需、够用"的理论基础知识，较全面的应用技术知识，熟练的操作及创新能力，解决实际技术问题能力的"现代技术实施的在线人员"。

　　根据这一培养目标，新世纪高职高专教育机械基础课教学内容体系改革的基本思路为：以创新应用为核心，以使用现代化的机械设备加工出高质量的机械产品为主线，打破原技术基础与专业基础的界限，重组机械基础教学内容体系。根据高职高专院校大多没有行业背景，多数学生面向市场就业的现状，新世纪高职高专教育机械基础课程应由四大基础模块，即机械设计技术基础、机械制造技术基础、机械控制技术基础与机械检测技术基础组成。

　　根据此改革思路和研究成果，我们组织编写了这套"高职高专机械类专业基础课规划教材"。该套教材首批编写了《现代机械制图》《现代机械制图习题集》《AutoCAD绘图实训教程》《实用电工学》《单片机基本原理及应用系统》《液压与气动技术》《机械力学与设计基础》《机械制造应用技术》共8种。这套教材具有以下特点：

1. 贯彻教育部高职高专两年制的要求。

2. 采用新的课程体系：以职业需要为主线，体现基础性、实用性和专业性。

3. 在内容的选取中紧紧围绕着为机械设计与制造服务这一宗旨，贯彻基本理论以"必需、够用"为度，简化传统知识，力争在内容上体现先进性、实用性。

4. 在内容的构建中，考虑到现在就业状况需要学生持有"双证"的需要，将与技能鉴定考核有关的知识编入了教材。

5. 21 世纪国际间的合作与交流将进一步加强，因此在教材的编写中部分介绍了国际常用标准。

由于我们水平有限，加之时间仓促，书中可能存在不少缺憾，恳请广大读者和师生批评指正。

课题负责人　李凤云

前　言

　　为了适应高等职业教育事业不断发展的需要，结合教育部新世纪课题"高职高专教育机械基础课程教学内容体系改革、建设的研究与实践"，在广泛吸取和借鉴相关院校高职高专教学改革成果和编者多年教学经验的基础上，针对高职高专机械类、机电类专业的人才培养目标和岗位技能需要编写了本书。本书在较全面地阐述液压与气动技术基本概念的基础上，依据理论内容以"必需、够用为度"的原则，力求突出应用能力和综合素质的培养，尽力使教材的内容符合我国液压与气压传动技术发展的需要。

　　本书的特点是，对液压与气压传动基本理论与基本概念的阐述力求简明、清晰，着重讲解其物理意义及在工程中的应用。全书以液压传动为主线，对流体传动理论也进行了简明、准确的介绍，并对液压与气压控制阀的结构及基本回路进行了重点讲述，使其与实际应用相结合。针对高职高专教学的特点，本书强调基本技能，着重理论分析，增加了较多液压系统应用实例，并详细介绍了液压与气动系统的安装、调试与维修等。

　　本书第1~5版均由赵波、王宏元担任主编，唐建生担任副主编，参加编写的有河南工业大学蔡共宣（第四章、第八章），佛山职业技术学院唐建生（第三章的第一、二、三、四节，第七章），山东交通学院王宏元（第一章，第二章，第三章的第五、六、七节，第五章），山东交通职业技术学院李光林（第六章），辽宁省交通高等专科学校赵波（第九章、第十章），太原城市职业技术学院田仙云（第十一章）。全书由赵波修改定稿，由辽宁省交通高等专科学校赵捷教授主审，并对本书提出了许多宝贵意见。

　　本书2007年被列为"普通高等教育'十一五'国家级规划教材"，借此我们根据教材在使用中发现的问题进行了第一次修订，并配备了电子教案和习题集。鉴于2009年《液压气动图形符号》国家标准进行了修订，故而根据最新国家标准对本书中的图稿进行了适当修订，即再次进行修订。2014年本书被列为"'十二五'职业教育国家规划教材"，修订后增加了试题库、动画演示等素材，还给出了章末复习思考题答案。本次修订主要是为提高教材的实用性，而增加了60个视频二维码。

　　本书适合作为高职高专院校及成人职业教育机械类、机电类专业师生，以及参加自学考试的学生使用，也可供有关工程技术人员参考使用。

　　在此，我们要感谢广大高职院校师生对我们第1~4版教材的厚爱，也真诚希望您再次选用本书，并为我们提出宝贵的意见和建议。

　　由于编者水平有限，书中难免有不少缺点和错误，恳请广大读者批评指正。

编　者

目　　录

第一章

液压与气压传动概述

液压与气压传动是以流体（液体和气体统称为流体）作为工作介质进行能量传递和控制的一种方式。流体这种工作介质具有独特的物理性能，在能量传递、系统控制、支撑和减小摩擦等方面发挥着十分重要的作用。因此，液压与气动技术发展十分迅速，现已广泛应用于工业、农业、国防等部门。目前，液压传动正在向高压、高速、大功率、高效率、低噪声、高度集成化和数字化等方向发展；气压传动正向节能化、小型化、轻量化、位置控制的高精度化以及机、电、液相结合的综合控制技术方向发展。

液压与气压传动实现传动和控制的方法基本相同，都是利用各种元件组成具有一定功能的基本控制回路，再将若干基本控制回路加以综合利用而构成能够完成特定任务的传动和控制系统，实现能量的转换、传递和控制。因此，要掌握液压与气压传动技术就必须了解传动工作介质的基本物理性质及其力学特性，研究各类元件的结构、工作原理和性能，以及各种基本控制回路的性能和特点。这是进行液压与气压传动系统分析、故障诊断和设计计算的基础，也是本学科的主要研究内容。

本章主要介绍液压传动与气压传动的基本原理和它们所采用工作介质的性能。通过对本章的学习，要求掌握和理解以下几点：液压与气压传动都是借助密封容积的变化，利用流体的压力能与机械能之间的转换来传递能量的；压力和流量是液压与气压传动中两个最重要的参数，其中压力取决于负载，流量决定执行元件的运动速度；液压与气压传动系统的基本组成和工作原理。

第一节　液压与气压传动的工作原理

液压系统以液体作为工作介质，而气动系统以气体作为工作介质。两种工作介质的不同在于：液体几乎不可压缩，气体却具有较大的可压缩性。液压与气压传动在基本工作原理、元件的工作机理以及回路的构成等诸方面是极为相似的。下面仅以图 1-1 所示液压千斤顶的工作原理为例来加以介绍。

图 1-1 所示为液压千斤顶的工作原理。液压缸 9 为举升缸（大缸），手柄 1 操纵的液压缸 2 为动力缸（液压泵，即小缸），两缸通过管道 6 连接构成密闭连通器。当操纵手柄 1 上下运动时，小活塞 3 在液压缸 2 内随之运动。液压缸 2 的容积是密闭的，当小活塞 3 上行时，液压缸 2 下腔的容积扩大而形成局部真空，油箱 12 中的液体在大气压力作用下，通过吸油管 5 推开吸油阀 4，流入小活塞的下腔。当小活塞下行时，液压缸 2 的下腔容积缩小，在小活塞作用下，受到挤压的液体通过管道 6 打开单向阀 7，进入液压缸 9 的下腔（此时吸油阀 4 关闭），迫使大活塞 8 向上移动。如果反复扳动手柄 1，液体就会不断地送入大活塞下腔，推动大活塞及负载上升。如果打开截止阀 11，可以控制液压缸 9 下腔的油液通过管

道 10 流回油箱，活塞在重物的作用下向下移动并回到原始位置。

图 1-1 所示的系统不能对重物的上升速度进行调节，也没有设置防止压力过高的安全措施。但仅从这一基本系统，也能得出有关液压与气压传动的一些重要概念。

假设大、小活塞的面积为 A_2、A_1，当作用在大活塞上的负载和作用在小活塞上的作用力分别为 G 和 F_1 时，由帕斯卡原理可知，大、小活塞下腔以及连接导管构成的密闭容积内的油液具有相等的压力值，假设该值为 p，若忽略活塞运动时的摩擦阻力，则有

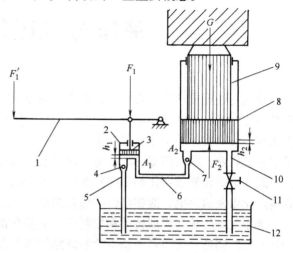

图 1-1　液压千斤顶的工作原理

1—手柄　2、9—液压缸　3—小活塞　4—吸油阀

5—吸油管　6、10—管道　7—单向阀

8—大活塞　11—截止阀　12—油箱

$$p = \frac{G}{A_2} = \frac{F_2}{A_2} = \frac{F_1}{A_1} \qquad (1\text{-}1)$$

或

$$F_2 = F_1 \frac{A_2}{A_1} \qquad (1\text{-}2)$$

式中　F_2——油液作用在大活塞上的作用力，$F_2 = G$。

式（1-1）说明，系统的压力 p 取决于作用负载的大小。

式（1-2）表明，当 $A_2/A_1 \gg 1$ 时，作用在小活塞上一个很小的力 F_1，便可在大活塞上产生一个很大的力 F_2 以举起负载（重物）。这就是液压千斤顶的工作原理。

另外，假设大小活塞移动的速度为 v_2 和 v_1，则在不考虑泄漏情况下稳态工作时，有

$$v_1 A_1 = v_2 A_2 = q_v \qquad (1\text{-}3)$$

或

$$v_2 = v_1 \frac{A_1}{A_2} = \frac{q_v}{A_2} \qquad (1\text{-}4)$$

式中　q_v——体积流量，即单位时间内输出（或输入）液体的体积。

式（1-4）表明，大缸活塞运动的速度（在缸的结构尺寸一定时）取决于输入的流量。

使大活塞上的负载上升所需的功率为

$$P = F_2 v_2 = p A_2 \frac{q_v}{A_2} = p q_v \qquad (1\text{-}5)$$

式（1-5）中，p 的单位为 Pa，q_v 的单位为 $\mathrm{m^3/s}$，则 P 的单位为 W。由此可见，液压系统的压力和流量之积就是功率，即液压功率。

第二节　液压与气压传动系统的组成

图 1-2 所示为一台简化的磨床工作台液压系统的工作原理。对液压缸动作的基本要求是：工作台实现直线往复运动，运动能变速和换向，在任意位置能停留以及承受负载的大小可以调节等。它的工作原理如下：

如图 1-2a 所示，电动机带动液压泵 4 旋转，经过滤器 2 从油箱 1 中吸油。油液经液压泵输出进入压力管 10 后，通过换向阀 9、节流阀 13、换向阀 15 进入液压缸 18 左腔，推动活塞 17 和工作台 19 向右移动，而液压缸右腔的油液经换向阀 15 和回油管 14 回流到油箱。如将换向阀手柄 16 转换成图 1-2b 所示的位置，就改变了液压油进、出液压缸的方向，液压缸活塞带动工作台向左运动，从而实现工作台的换向。

工作台的移动速度是由节流阀来调节的。改变节流阀开口量的大小，便可调节流入液压缸油液的流量，以控制工作台的运动速度。液压泵输出的多余油液，经溢流阀和回油管 3 溢回油箱。

液压泵的输出压力由溢流阀 7 调节，其调定值应略高于液压缸的工作压力（由负载决定），以克服负载和油液流经换向阀 9、节流阀 13、换向阀 15 以及管道的压力损失。液压缸的工作压力不会超过溢流阀的调定值，因此溢流阀可以起到稳压和过载安全保护的作用。通过调节溢流阀调压弹簧的压紧力，便可调节液压泵的输出压力。

扳动手柄使换向阀 9 处于图 1-2c 所示"停"的位置，液压缸的进油管路被关闭。这时液压泵输出的

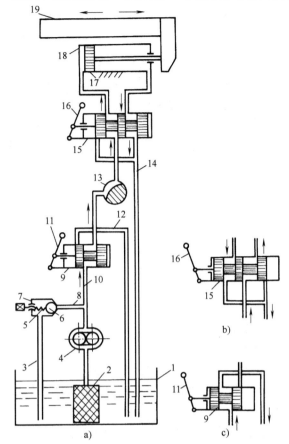

图 1-2　磨床工作台液压系统的工作原理

a）工作原理　b）改变换向手柄 16 的状态
c）改变换向手柄 11 的状态

1—油箱　2—过滤器　3、12、14—回油管
4—液压泵　5—调压弹簧　6—钢球
7—溢流阀　8—压力支管　9、15—换向阀
10—压力管　11、16—换向手柄　13—节流阀
17—活塞　18—液压缸　19—工作台

油液不能流入液压缸，经换向阀和回油管 12 直接流回油箱，工作台停止运动。此种情况下液压泵没有带负载，泵输出的油液便没有压力（忽略管路压力损失），这种状态称为卸荷。

过滤器用以限制油液中的杂质进入液压泵和液压系统，保证油液的清洁。

图 1-3 所示为一个用于实现断续生产过程的典型气动系统的组成。其中的控制装置是由若干气动元件组成的气动逻辑回路。它可以根据气缸活塞杆的始末位置，由行程开关等发出信号，系统在进行逻辑判断后执行指令并控制气缸做下一步的动作，从而实现规定的自动工作循环。

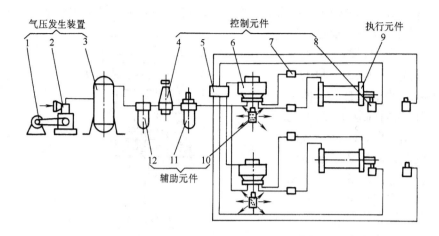

图 1-3　典型气动系统的组成

1—电动机　2—空气压缩机　3—储气罐　4—压力控制阀　5—逻辑元件
6—方向控制阀　7—流量控制阀　8—机控阀　9—气缸　10—消声器
11—油雾器　12—空气过滤器

从上面的例子可以看出，液压、气压传动系统除工作介质（液压油或压缩空气）外，一般由以下 4 部分组成。

（1）动力元件　液压泵或气源装置，它们是为液压、气动系统提供一定流量的压力流体的装置，将原动机输入的机械能转换为流体的压力能。

（2）执行元件　液压缸或气缸、液压马达或气马达，它们是将流体压力能转换为机械能的装置，以克服负载阻力，驱动工作部件做功。实现直线运动的执行元件是液压缸或气缸，它输出力和速度；实现旋转运动的是液压马达或气马达，它输出转矩和转速。

（3）控制元件　压力、流量、方向控制阀，它们是对液压、气压系统中流体的压力、流量和方向进行控制的装置，以及进行信号转换、逻辑运算和放大等功能的信号控制元件，以保证执行元件运动的各项要求，如溢流阀、节流阀、换向阀和逻辑元件等。

（4）辅助元件　辅助元件包括各种管件、油箱、过滤器、蓄能器、仪表和密封装置等。在系统中，它们起到连接、储油、过滤、储存压力能、测量压力和防止流体泄漏等作用。

第三节　液压与气压系统的图形符号

如图 1-2a 所示，这种将组成液压系统的各个元件用半结构式图形表示出来的简图，称为结构原理图。这种原理图直观性强、容易理解，但图形比较复杂，难于绘制，系统元件数量多时更是如此。为此，除某些特殊情况外，通常采用职能符号来绘制液压系统原理图。用国家标准 GB/T 786.1—2009 规定的液压元件图形符号绘制的磨床工作台液压系统图，如图 1-4 所示。这些图形符号只表示元件的职能，并不表示元件的结构和参数。使用图形符号，可以使系统简单明了，便于绘制。其中，常用流体传动系统与元件图形符号见附录。

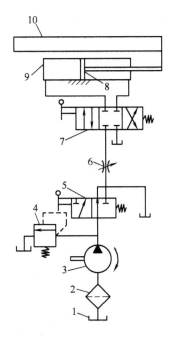

图1-4　用图形符号表示的磨床液压系统
1—油箱　2—过滤器　3—液压泵　4—溢流阀　5、7—换向阀
6—节流阀　8—活塞　9—液压缸　10—工作台

第四节　液压与气压传动的特点

一、液压传动的特点

（1）液压传动的优点

1）单位体积输出功率大。在同等的功率下，液压装置的体积小、重量轻。液压马达的体积和重量只有相同功率电动机的12%左右。

2）液压装置工作比较平稳。由于重量轻、惯性小、反应快，液压装置易于实现快速起动、制动和频繁换向。

3）液压装置能在较大范围内实现无级调速。

4）液压传动易于实现自动化。如将液压控制和电气、电子控制或气动控制结合起来，整个传动装置能实现很复杂的顺序动作，并能方便地实现远程控制。

5）液压装置易于实现过载保护。

6）由于液压元件已实现了标准化、系列化和通用化，液压系统的设计、制造和使用都比较方便。

（2）液压传动的缺点

1）油液的泄漏、油液的可压缩性、油管的弹性变形会影响运动的传递正确性，故不宜用于要求具有精确传动比的场合。

2）由于油液的黏度随温度而变化，从而影响运动的稳定性，故不宜在温度变化范围较大的场合下使用。

3）由于工作过程中有较多的能量损失（如管路压力损失、泄漏等），因此，液压传动的效率不高，不宜用于远距离传动。

4）为了减少泄漏，液压元件的制造精度要求高，故制造成本较高。

二、气压传动的特点

（1）气压传动的优点

1）以空气作为工作介质，其来源非常方便，使用后可以直接排入大气中，处理简单，不污染环境。

2）由于空气流动损失小，压缩空气便于集中供气和实现远距离传输和控制。

3）与液压传动相比较，气压传动具有动作迅速、反应快等优点，液压油在管路中流动速度一般为 $1 \sim 5 m/s$，而气体流速可以大于 $10 m/s$，甚至接近声速，在 $0.02 \sim 0.03 s$ 时间内即可以达到所要求的工作压力及速度。此外，气压传动系统维护简单、管路不易堵塞，且不存在介质变质、补充和更换等问题。

4）工作环境适应性强，特别是在易燃易爆、多尘埃、强辐射、振动等恶劣环境下工作时要比液压、电子、电气控制优越。

5）结构简单、轻便、安装维护简单，压力等级低，使用安全可靠。

6）空气具有可压缩性，气动系统能够实现自动过载保护。

（2）气压传动的缺点

1）由于空气具有可压缩性，所以气缸的运动稳定性较差，动作速度易受负载变化的影响。

2）工作压力较低（一般为 $0.4 \sim 0.8 MPa$），系统输出力较小，传动效率较低。

3）气动系统具有较大的排气噪声。

4）工作介质空气本身没有润滑性，而且需要加油雾器进行润滑。

复习思考题

1. 何谓液压传动？液压系统由哪些部分组成？各部分的作用是什么？
2. 液压技术的主要优缺点是什么？
3. 气压传动与液压传动有什么不同？

第二章

流体力学基础

流体力学是研究流体平衡和运动规律的一门学科。本章除了简要地叙述液压油、压缩空气的性质、液压油的要求和选用等内容外，将着重阐述液体的静力学特性、静力学基本方程式和动力学的几个重要方程式，为以后分析、设计以至使用液压传动系统打下坚实的理论基础。

第一节 流体传动的工作介质

工作介质在传动及控制中起传递能量和信号的作用。流体传动及控制（包括液压与气压传动），在工作、性能特点上和机械、电子传动之间的差异主要取决于载体不同，因此在掌握液压与气动技术之前，必须先对其工作介质有一个清晰的了解。

一、液压油的主要性质

液压传动所用液压油一般为矿物油。它不仅在液压传动及控制中起到传递能量和信号作用，而且还起到润滑、冷却和防锈作用。

1. 液体的密度

单位体积液体的质量称为液体的密度，用 ρ 表示，即

$$\rho = \frac{m}{V} \tag{2-1}$$

式中 V——体积；

m——质量。

密度是液体的一个重要的物理参数，一般液压油的密度值为 900kg/m^3，通常情况下，液体的密度随温度或压力的变化可以忽略不计。

2. 液体的可压缩性

液体在压力作用下体积减小的这种性质称为液体的可压缩性。在常温下，一般可认为油液是不可压缩的，但当液压油中混有空气时，其抗压缩能力会显著降低。因此，应力求减少油液中混入的气体及其他易挥发物质的含量，以减小对液压系统工作性能的不良影响。

3. 液体的黏性

（1）物理本质   液体在外力作用下流动时，由于分子间的内聚力会阻止其相对运动，就产生了一种内摩擦力，把液体的这一特性称为液体的黏性。黏性是液体的主要物理性质，也是选择液压油的主要依据之一。

（2）牛顿液体内摩擦定律   如图 2-1 所示，设两平行平板间充满液体，下平板保持不动，上平板以速度 $u_\circ$ 向右平移。由于液体存在黏性以及液体和固体壁面间的附着力，液体内部各层间的速度将呈阶梯状分布，紧贴下平板的液体层速度为 0，紧贴上平板的液体层速度为 $u_\circ$，而中间各层液体的速度则呈线性规律分布。实验测定表明：

$$F = \mu A \frac{\mathrm{d}u}{\mathrm{d}y} \qquad (2\text{-}2)$$

式中　F——相邻液层间的内摩擦力（N）；

　　　A——液层的接触面积（m^2）；

　　　$\mathrm{d}u/\mathrm{d}y$——液层间的速度梯度；

　　　μ——动力黏度（Pa·s）。

若以 τ 表示内摩擦切应力，则式（2-2）也可表达为

$$\tau = \frac{F}{A} = \mu \frac{\mathrm{d}u}{\mathrm{d}y} \qquad (2\text{-}3)$$

这就是牛顿液体内摩擦定律。

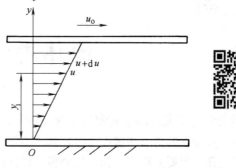

图 2-1　液体黏性示意图

（3）黏度　黏度是用来表示液体黏性大小的。常用的黏度表示方法有以下几种：

1）动力黏度。动力黏度又称为绝对黏度，即式（2-2）中的 μ。

$$\mu = \frac{F}{A \dfrac{\mathrm{d}u}{\mathrm{d}y}} \qquad (2\text{-}4)$$

动力黏度的单位为 Pa·s（帕·秒）。

2）运动黏度。液体动力黏度和密度的比值称为运动黏度，以 ν 表示为

$$\nu = \frac{\mu}{\rho} \qquad (2\text{-}5)$$

运动黏度的单位是 m^2/s（米²/秒），它是工程实际中经常用到的物理量，国际标准化组织 ISO 规定统一采用运动黏度来表示油的黏度等级。

3）相对黏度。相对黏度是根据特定测量条件制定的，故又称为条件黏度。测量条件不同，采用的相对黏度单位也不同，如恩氏黏度 °E（中国、德国、苏联）、通用赛氏秒 SUS（美国、英国）、商用雷氏秒 R_1S（英国、美国）和巴氏度 °B（法国）等。

恩氏黏度用恩氏黏度计测定，即将 200mL、温度为 t（单位为℃）的被测液体装入黏度计的容器内，由其底部 $\phi2.8mm$ 的小孔流出，测出液体流尽所需时间 t_1，再测出相同体积、温度为 20℃ 的蒸馏水在同一容器中流尽所需的时间 t_2，这两个时间之比即为被测液体在 t 下的恩氏黏度，即

$$°E_t = \frac{t_1}{t_2} \qquad (2\text{-}6)$$

恩氏黏度与运动黏度间的换算关系式为

$$\nu = \left(7.31\ °E_t - \frac{6.31}{°E_t} \right) \times 10^{-6} m^2/s \qquad (2\text{-}7)$$

（4）黏温特性　油液的黏度随温度变化的性质称为黏温特性。温度对油液黏度的影响很大，当油液温度升高时，其黏度显著下降。油液黏度的变化直接影响到液压系统的性能和泄漏量，因此希望油液黏度随温度的变化越小越好。一定温度油液的黏度，可以从液压设计手册中直接查出，图 2-2 所示为几种常用国产油液的黏温图。

油液的其他物理及化学性质包括：抗燃性、抗凝性、抗氧化性、抗泡沫性、抗乳化性、防锈性、润滑性、导热性、相容性以及纯净性等，具体可参考相关产品手册。

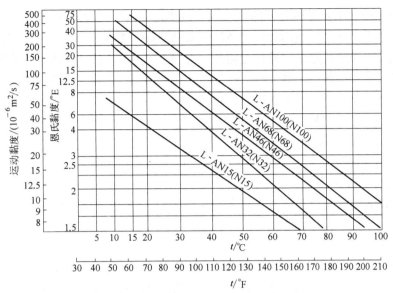

图 2-2　几种常用国产油液的黏温图

二、液压油的选用

1. 液压油的使用要求

液压传动系统用的液压油一般应满足的要求有：对人体无害且成本低廉；黏度适当，黏温特性好；润滑性能好，防锈能力强；质地纯净，杂质少；对金属和密封件的相容性好；氧化稳定性好，不变质；抗泡沫性和抗乳化性好；体积膨胀系数小；燃点高，凝点低等。对于不同的液压系统，则需根据具体情况突出某些方面的使用性能要求。

2. 液压油的品种

液压油的主要品种、ISO 代号及其特性和用途见表 2-1。

表 2-1　液压油的主要品种、ISO 代号及其特性和用途

类型	名　称	ISO 代号	特　性　和　用　途
矿油型	普通液压油	L—HL	精制矿油加添加剂，提高抗氧化和防锈性能，适用于室内一般设备的中低压系统
	抗磨液压油	L—HM	L—HL 加添加剂，改善抗磨性能，适用于工程机械、车辆液压系统
	低温液压油	L—HV	L—HM 油加添加剂，改善黏温特性，可用于环境温度在 −20 ~ −40°C 的高压系统
	高黏度指数液压油	L—HR	L—HL 油加添加剂，改善黏温特性，VI 值达 175 以上，适用于对黏温特性有特殊要求的低压系统，如数控机床液压系统
	液压导轨油	L—HG	L—HM 油加添加剂，改善黏-滑性能，适用于机床中液压和导轨润滑合用的系统
	全损耗系统用油	L—HH	浅度精制矿油，抗氧化性、抗泡沫性较差，主要用于机械润滑，可用作液压代用油，用于要求不高的低压系统
	汽轮机油	L—TSA	深度精制矿油加添加剂，改善抗氧化、抗泡沫等性能，为汽轮机专用油，可用作液压代用油，用于一般液压系统
乳化型	水包油乳化液	L—HFA	又称高水基液，特点是难燃、黏温特性好，有一定的防锈能力，润滑性差，适用于有抗燃要求，油液用量大且泄漏严重的系统
	油包水乳化液	L—HFB	既具有矿油型液压油的抗磨、防锈性能，又具有抗燃性，适用于有抗燃要求的中压系统
合成型	水-乙二醇液	L—HFC	难燃，黏温特性和耐蚀性好，能在 −30 ~ 60°C 温度下使用，适用于有抗燃要求的中低压系统
	磷酸酯液	L—HFDR	难燃，润滑抗磨性能和抗氧化性能良好，能在 −54 ~ 135°C 温度范围内使用，缺点是有毒，适用于有抗燃要求的高压精密液压系统

矿油型液压油的主要品种有普通液压油、抗磨液压油、低温液压油、高黏度指数液压油、液压导轨油等。矿油型液压油的润滑性和防锈性好，黏度等级范围也较宽，因而在液压系统中应用很广。汽轮机油是汽轮机专用油，常用于一般液压传动系统中。普通液压油的性能可以满足液压传动系统的一般要求，广泛适用于在常温工作的中低压系统。抗磨液压油、低温液压油、高黏度指数液压油、液压导轨油等，专用于相应的液压系统中。矿油型液压油具有可燃性，为了安全起见，在一些高温、易燃、易爆的工作场合，常用水包油、油包水等乳化液，或水-乙二醇、磷酸酯等合成液。

三、液压油的选择

1. 油液品种的选择

选择油液品种时，可以参照表2-1并根据是否专用、有无具体工作压力、工作温度及工作环境等条件，从而进行综合考虑。

2. 选择黏度等级

确定好液压油的品种，就要选择液压油的黏度等级。黏度对液压系统工作的稳定性、可靠性、效率、温升以及磨损都有显著的影响，在选择黏度时应注意液压系统的工作情况。

（1）工作压力　为了减少泄漏，对于工作压力较高的系统，宜选用黏度较大的液压油。

（2）运动速度　为了减轻液流的摩擦损失，当液压系统的工作部件运动速度较高时，宜选用黏度较小的液压油。

（3）环境温度　环境温度较高时宜选用黏度较大的液压油。

（4）液压泵的类型　在液压系统的所有元件中，以液压泵对液压油的性能最为敏感，因为泵内零件的运动速度很高，承受的压力较大，润滑要求苛刻而且温升高。因此，常根据液压泵的类型及要求来选择液压油的黏度。

各类液压泵适用的黏度范围见表2-2。

表2-2　各类液压泵适用的黏度范围

液压泵类型		环境温度为 5~40℃ 时的黏度 $\nu/(10^{-6}m^2/s)$	环境温度为 40~80℃ 时的黏度 $\nu/(10^{-6}m^2/s)$
叶片泵	$p < 7 \times 10^6 Pa$	30~50	40~75
	$p \geqslant 7 \times 10^6 Pa$	50~70	55~90
齿轮泵		30~70	95~165
轴向柱塞泵		40~75	70~150
径向柱塞泵		30~80	65~240

四、空气的主要性质

1. 空气的性质

（1）空气的组成　自然界的空气是由若干种气体混合而成的。空气中常含有一定量的水蒸气，这种含有水蒸气的空气称为湿空气，而不含有水蒸气的空气称为干空气。标准状态下干空气的组成见表2-3。

表2-3　标准状态下干空气的组成

成分 比值	氮气（N_2）	氧气（O_2）	氩气（Ar）	二氧化碳（CO_2）	其他气体
体积分数（%）	78.03	20.93	0.932	0.03	0.078
质量分数（%）	75.50	23.10	1.28	0.045	0.075

（2）空气的基本性质

1）密度和质量体积。单位体积内的空气质量称为密度，用 ρ 表示，即

$$\rho = \frac{m}{V} \tag{2-8}$$

式中　m——空气的质量；

　　　V——空气的体积。

单位质量空气的体积称为质量体积（比体积），用 v 表示，可见 $v = 1/\rho$。

2）压缩性。一定质量的气体，由于压力改变而导致气体容积发生变化的现象，称为气体的可压缩性。由于气体分子间的距离大，分子间的内聚力小，体积也容易变化，体积随压力和温度的变化而变化，因此气体与液体相比有明显的可压缩性。气体容易压缩，有利于气体的储存，但难以实现气缸内气体的平稳和低速运动。

3）黏性。气体质点相对运动时产生阻力的性质称为气体的黏性。空气黏性的变化主要受温度变化的影响，且随温度的升高而增大，这主要是由于温度升高后，空气内分子运动加剧，使原本间距较大的分子之间碰撞增多的缘故。而压力的变化对黏性的影响很小，且可忽略不计。通常情况下，可将空气视为理想气体。所谓理想气体是假设气体分子的体积为零，且分子之间没有吸引力的假想气体。表2-4为空气的运动黏度 ν 与温度 t 间的关系。

表2-4　空气的运动黏度 ν 与温度 t 间的关系

$t/°C$	0	5	10	20	30	40	60	80	100
$\nu/(10^{-4}m^2/s)$	0.133	0.142	0.147	0.157	0.166	0.176	0.196	0.21	0.238

2. 湿空气

空气中水分含量会直接影响气动系统的工作稳定性和寿命。若空气的湿度较大，即空气中含有的水蒸气量较多，则此湿空气在一定的温度和压力条件下，就会在气动系统的局部管道、气动元件中凝结成水滴，使气动元件和管道腐蚀和生锈，缩短使用寿命，甚至导致系统工作失灵。因此，气动系统对空气的含水量有明确的规定，并采取必要的措施防止水分进入系统。通常在空气压缩机输出口的后面装置冷却、过滤、干燥等设备，以除去压缩空气中的水分等杂质，提高压缩空气的质量。

绝对湿度、相对湿度、含湿量能分别从不同的角度来表示湿空气中含有水蒸气量的多少，故应用在不同的场合中。

（1）绝对湿度与饱和绝对湿度　单位体积湿空气中所含水蒸气的质量称为湿空气的绝对湿度，用 χ 表示，即

$$\chi = \frac{m_s}{V} \tag{2-9}$$

式中　m_s——湿空气中水蒸气的质量；

　　　V——湿空气的体积。

饱和绝对湿度是指湿空气中水蒸气的分压力达到该湿度下水蒸气的饱和压力时的绝对湿度，即

$$\chi_b = \frac{p_b}{R_s T} \tag{2-10}$$

式中　p_b——饱和空气中水蒸气的分压力（Pa）；

　　　R_s——水蒸气的气体常数，$R_s = 461\mathrm{N \cdot m/(kg \cdot K)}$；

　　　T——热力学温度（K）。

绝对湿度只能说明湿空气中实际所含水蒸气的多少，而不能说明湿空气所具有吸收水蒸气的能力大小。因此，需要引入相对湿度的概念。

（2）相对湿度　在相同温度和相同压力下，绝对湿度与饱和绝对湿度之比称为相对湿度，用 ϕ 表示，即

$$\phi = \frac{\chi}{\chi_b} \times 100\% \approx \frac{p_s}{p_b} \times 100\%$$ (2-11)

式中　χ——绝对湿度；

　　　χ_b——饱和绝对湿度；

　　　p_s——水蒸气的分压力；

　　　p_b——饱和空气中水蒸气的分压力。

相对湿度既然表示了湿空气中水蒸气含量接近饱和的程度，故也称饱和度。它同时也说明了湿空气吸收水蒸气的能力。ϕ 值越小，湿空气吸收水蒸气的能力越强；ϕ 值越大，湿空气吸收水蒸气的能力越弱。相对湿度一般用百分比表示：当 $\phi = 0$，即 $p_s = 0$ 时，空气绝对干燥；当 $\phi = 100\%$，即 $p_s = p_b$ 时，空气中水蒸气达到饱和，其吸收水蒸气能力为零。一般湿空气的 ϕ 值在 $0\% \sim 100\%$ 之间变化，通常情况下，空气的相对湿度在 $60\% \sim 70\%$ 范围内人体感觉舒适。气动技术中规定各种阀中的空气的相对湿度应小于 95%。

（3）含湿量　单位质量的干空气中所含有的水蒸气的质量称为含湿量，用 d 表示，即

$$d = \frac{m_s}{m_g} = \frac{\rho_s}{\rho_g}$$ (2-12)

式中　m_s——水蒸气的质量；

　　　m_g——干空气的质量；

　　　ρ_s——水蒸气的密度；

　　　ρ_g——干空气的密度。

五、气体状态方程

1. 理想气体状态方程

不计黏性的气体为理想气体，在平衡状态下，气体的三个基本状态参数压力、温度和质量体积之间的关系为

$$pv = RT$$ (2-13)

式中　p——绝对压力（Pa）；

　　　v——质量体积（$\mathrm{m^3/kg}$）；

　　　R——气体常数，对于干空气，$R = 287.1\mathrm{N \cdot m/(kg \cdot K)}$；对于水蒸气，$R = 461\mathrm{N \cdot m/(kg \cdot K)}$；

　　　T——热力学温度（K）。

　　或者　　　　　　　　　　$$pV = mRT$$ (2-14)

式中　m——质量（kg）；

　　　V——体积（$\mathrm{m^3}$）。

对于定量气体，状态方程可以写成

$$\frac{p_1 V_1}{T_1} = \frac{p_2 V_2}{T_2} \qquad (2\text{-}15)$$

式（2-15）表达了定量气体状态参数之间的关系。

实际气体具有黏性，因而并不严格遵守理想气体状态方程，但只要在 2MPa 压力以下、$-20\,^{\circ}\text{C}$ 温度以上时用以上公式计算，产生的误差是相当小的。

2. 理想气体状态变化过程

（1）等容过程　一定质量的气体在状态变化过程中，若体积保持不变，则称为等容过程，有

$$\frac{p_1}{T_1} = \frac{p_2}{T_2} = 常数 \qquad (2\text{-}16)$$

式（2-16）表明，当气体体积不变时，其压力的变化与温度的变化成正比；当气体压力上升时，其温度随之上升。密闭于气罐中的气体，由于外界环境温度的变化而使罐内气体状态变化的过程可视为等容过程。

（2）等压过程　一定质量的气体在状态变化过程中，若压力保持不变，则称为等压过程，有

$$\frac{V_1}{T_1} = \frac{V_2}{T_2} = 常数 \qquad (2\text{-}17)$$

式（2-17）表明，当气体压力不变时，其温度上升，体积增大（气体膨胀）；当气体温度下降时，其体积减小（气体被压缩）。负载不变的密闭气缸，被加热或对外放热时，缸内气体便进行等压变化过程。

（3）等温过程　一定质量的气体在状态变化过程中，若温度保持不变，则称为等温过程，有

$$p_1 V_1 = p_2 V_2 = 常数 \qquad (2\text{-}18)$$

式（2-18）表明，当气体温度不变时，其压力上升，体积被压缩；气体压力下降时，其体积膨胀。一般将大气罐中的气体较长时间地经小孔向外放气视为等温过程。

（4）绝热过程　一定质量的气体在状态变化过程中，若与外界完全无热量交换，则称为绝热过程，有

$$p_1 v_1^{\kappa} = p_2 v_2^{\kappa} = 常数 \qquad (2\text{-}19)$$

式中　κ——等熵指数，对于干空气，$\kappa = 1.4$；对于饱和水蒸气，$\kappa = 1.3$。

根据式（2-13）和式（2-19）可得

$$\frac{T_1}{T_2} = \left(\frac{v_2}{v_1}\right)^{\kappa-1} = \left(\frac{p_1}{p_2}\right)^{\frac{\kappa-1}{\kappa}} \qquad (2\text{-}20)$$

在绝热过程中，气体状态变化与外界无热量交换，系统依靠本身内能的消耗对外做功。在气压传动中，快速动作可视为绝热过程。例如，压缩机的活塞在气缸中的运动是极快的，以致气缸中气体的热量来不及与外界进行交换；同样，气罐内的气体在很短时间内向外放气时，其状态变化过程也可视为绝热过程。

（5）多变过程　一定质量的气体若其基本状态参数都在变化（即没有任何条件限制），这种变化过程称为多变过程，即

$$p_1 v_1^n = p_2 v_2^n = 常数 \tag{2-21}$$

式（2-21）中 n 为多变指数，在一定的多变过程中，n 保持不变；对于不同的多变过程，n 有不同的值。其实，上述 4 种典型的状态变化过程均是多变过程的特殊情况：

1）当 $n=0$ 时，$pv^0 = p = $ 常数，状态变化过程为等压过程。

2）当 $n=1$ 时，$pv = $ 常数，状态变化过程为等温过程。

3）当 $n=\kappa$ 时，$pv^\kappa = $ 常数，状态变化过程为绝热过程。

4）当 $n= \pm\infty$ 时，$p^{1/\infty} v = p^0 v = v = $ 常数，状态变化过程为等容过程。

六、气压传动系统对压缩空气的要求

气压传动系统对压缩空气具有一定的要求：

1）要求压缩空气具有一定的压力和足够的流量。因为压缩空气是气压传动系统传递动力的介质，没有一定的压力不但不能保证执行机构产生足够的推力，甚至连控制机构也难以正确地工作；而没有足够的流量就无法保证对执行机构动作速度和程序的要求等。

2）要求压缩空气具有一定的清洁度和干燥度。清洁度是指气源中含油量、含灰尘杂质的质量及颗粒大小都要控制在很低范围内，如气缸、膜片式气动元件、截止式气动元件都要求杂质颗粒平均直径不大于 $50\mu m$；气动马达、滑阀要求杂质颗粒平均直径不大于 $25\mu m$；气动仪表要求杂质颗粒平均直径不大于 $20\mu m$；射流元件要求杂质颗粒平均直径不大于 $10\mu m$。

干燥度是指压缩空气中含水量的多少，气压传动系统要求压缩空气的含水量越低越好。

没有对气源净化质量上的要求，就会造成元件腐蚀、变形老化、堵塞管道，影响气压传动系统的工作寿命和动作的准确性，甚至会使装置失灵产生故障。因此，气源装置系统必须设置除油器、干燥器、除尘器等提高压缩空气净化程度的辅助设备。

第二节　液体静力学

液体静力学是研究液体处于静止状态下的力学规律以及这些规律的应用。这里所说的静止，是指液体内部质点之间没有相对运动，至于液体整体，完全可以像刚体一样做各种运动。

1. 液体的压力

物理学将液体单位面积上所承受的法向力定义为压强，在液压技术中习惯称为压力。如果在液体内某点处微小面积 ΔA 上作用有法向力 ΔF，则 $\Delta F / \Delta A$ 的极限就定义为该点处的静压力，通常以 p 表示，即

$$p = \lim_{\Delta A \to 0} \frac{\Delta F}{\Delta A} \tag{2-22}$$

液体压力的方向总是沿着内法线方向作用于承压面。因为静止液体内任一质点的压力在各个方向上都相等，所以其内部的任何质点都受平衡压力作用。

2. 静止液体压力的分布

如图 2-3 所示，密度为 ρ 的液体在容器内处于静止状态，为求任意深度 h 处的压力 p，

可以假想取出一个垂直小液柱来研究。设液柱的底面积为 ΔA，高为 h，由于液柱处于受力平衡状态，因此可列出该小液柱的力学平衡方程式为

$$p\Delta A = p_0 \Delta A + \rho g h \Delta A$$

即

$$p = p_0 + \rho g h \tag{2-23}$$

式（2-23）称为液体静力学基本方程式。由此可知：

1）静止液体内部任一点处的压力 p 都由液面上的压力 p_0 和该点以上液体自重形成的压力 $\rho g h$ 两部分组成。

2）静止液体内的压力 p 随液体深度 h 呈线性规律分布。

需要注意的是，液体在受外界压力作用的情况下，液体自重所形成的那部分压力 $\rho g h$ 相对非常小，在分析液压系统的压力时常可忽略不计，因而我们可以近似认为整个液体内部的压力是相等的。

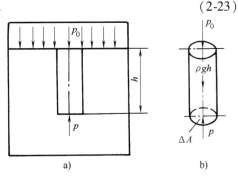

图 2-3 静止液体内压力分布规律
a）压力分布 b）假想液柱

3. 压力的表示和单位

以绝对真空为基准来度量的压力，叫作绝对压力；以大气压力为基准来度量的压力，叫作相对压力。在地球的表面上用压力表测得的压力数值就是相对压力，通常称为表压力。液压技术中的压力一般也都是相对压力。若液体中某点的绝对压力小于大气压力，那么比大气压力小的那部分数值叫作真空度。绝对压力、表压力（相对压力）和真空度之间的关系如图 2-4 所示。

压力的国际单位制单位是 Pa（帕），还有非国际单位制单位，如工程大气压为 at（kgf/cm^2）、毫米汞柱（mmHg）等。

4. 压力取决于负载

在密闭容器内，施加于静止液体的压力可以等值地传递到液体各处，这就是帕斯卡原理或者称为静压传递原理。如图 2-5 所示，外加负载 F 作用在横截面积为 A 的活塞上，根据帕斯卡原理，容器内深度为 h 处液体的压力 p 与负载 F 之间总是保持着正比关系，即

$$p = \frac{F}{A} \tag{2-24}$$

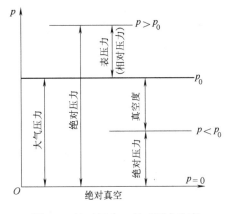

图 2-4 绝对压力、相对压力和真空度之间的关系

由此可见，液体内部的压力是由外界负载作用所形成的，即压力决定于负载，这是液压传动中的一个重要的基本概念。

5. 液体对固体壁面的作用力

液体和固体壁面相接触时，固体壁面将受到液体压力的作用。当固体壁面为平面时，液体压力在该平面上的总作用力 F 等于液体压力 p 与该平面面积 A 的乘积，其作用方向与该平

面垂直，即

$$F = pA \tag{2-25}$$

当固体壁面为曲面时，如图2-6所示，液体压力在该曲面某方向 x 上的总作用力 F_x 等于液体压力 p 与曲面在该方向投影面积 A_x 的乘积，即

$$F_x = pA_x \tag{2-26}$$

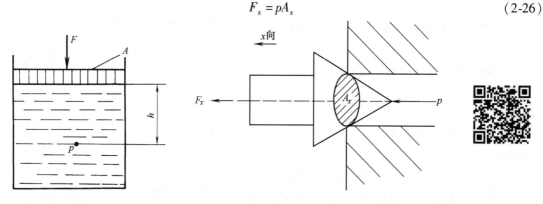

图2-5　液体内压力计算　　　　　图2-6　液压力作用在曲面上的力

第三节　液体动力学

液体动力学的主要内容是研究液体流动时流速和压力之间的变化规律。其中，流动液体的连续性方程、伯努利方程、动量方程是描述流动液体力学规律的三个基本方程。这些内容不仅构成了液体动力学基础，而且还是液压技术中分析问题和设计计算的理论依据。

一、液体动力学基本概念

1. 理想液体和恒定流动

由于液体具有黏性，而且黏性只有在液体运动时才体现出来，因此在研究流动液体时必须考虑黏性的影响。液体的黏性问题非常复杂，为了方便分析和计算，我们先假设液体没有黏性，然后再考虑黏性影响，并通过实验验证等方法对已得出的结果进行补充或修正。对于液体的可压缩问题，也可采用同样方法来处理。

（1）理想液体与实际液体　在研究流动液体时，把假设的既无黏性又不可压缩的液体称为理想液体，而把事实上既有黏性又可压缩的液体称为实际液体。

（2）恒定流动与非恒定流动　当液体流动时，如果液体中任一点处的压力、速度和密度都不随时间而变化，则液体的这种流动称为恒定流动；反之，若液体中任一点处的压力、速度和密度中有一个随时间变化，则流体的这种流动就称为非恒定流动。例如，图2-7a所示的水平管内液流为恒定流动，图2-7b所示为非恒定流动。

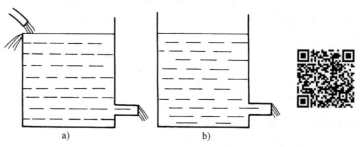

a)　　　　　　　　　　b)

图2-7　恒定流动和非恒定流动
a）恒定流动　b）非恒定流动

2. 过流断面、流量和平均流速

液体在管道中流动时，其垂直于流动方向的截面称为过流断面或通流截面。单位时间内流过某一过流断面的液体体积称为体积流量。该流量用 q_V 表示，单位为 m^3/s 或 L/s。

假设理想液体在一直管内恒定流动，如图 2-8 所示。液流的过流断面面积即为管道截面积 A，液流在过流断面上各点的流速皆相等，以 u 表示。流过截面 I - I 的液体经时间 t 后到达截面 II - II 处，所流过的距离为 l，则流过的液体体积为 $V = Al$，因此流量为

$$q_V = \frac{V}{t} = \frac{Al}{t} = Au \qquad (2\text{-}27)$$

式（2-27）表明，液体的流量可以用过流断面面积与流速的乘积来计算。

由于流动液体黏性的作用，在过流断面上各点的流速 u 一般是不相等的，在计算流过整个过流断面 A 的流量时，可在过流断面 A 上取一微小截面 dA，如图 2-9a 所示，并认为在该断面各点的速度 u 相等，则流过该微小断面的流量为

$$dq_V = udA$$

流过整个过流断面 A 的流量为

$$q_V = \int_A udA \qquad (2\text{-}28)$$

图 2-8 理想液体在直管中的流动

对于实际液体的流动，速度 u 的分布规律很复杂，如图 2-9b 所示，故按式（2-28）计算流量是困难的。因此，提出一个平均流速的概念，即假设过流断面上各点的流速均匀分布，液体以此均布流速 v 流过过流断面的流量等于以实际流速流过的流量，即

$$q_V = \int_A vdA = vA \qquad (2\text{-}29)$$

由此得出过流断面上的平均流速为

$$v = q_V/A \qquad (2\text{-}30)$$

在实际的工程计算中，平均流速才具有应用价值。液压缸工作时，活塞的运动速度就等于缸内液体的平均流速，当液压缸有效面积一定时，活塞运动速度由输入液压缸的流量决定。

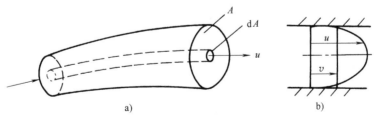

图 2-9 流量和平均流速
a）选取微小截面 b）实际分布规律

3. 流态和雷诺数

英国物理学家雷诺通过大量实验，发现了液体在管道中流动时存在两种流动状态，即层流和湍流。两种流动状态可通过实验（即雷诺实验）来观察，如图 2-10 所示。容器 6 和 3

中分别装满了水和密度与水相同的红色液体，容器6由水管2供水，并由溢流管1使液面高度保持不变。打开阀8使水从玻璃管7中流出，这时打开阀4，红色液体也经细导管5流入水平玻璃管7中。调节阀8使玻璃管7中的流速较小时，红色液体在管7中呈一条明显的直线，将细导管5的出口上下移动，则红色直线也上下移动，而且这条红线与清水之间层次分明不相混杂（见图2-10b），液体的这种流动状态称为层流。当调整阀8使玻璃管中的流速逐渐增大至某一值时，可以看到红线开始出现抖动而呈波纹状（见图2-10c），这表明层流状态被破坏，液流开始出现紊乱。若玻璃管7中流速继续增大，红线会逐渐消失，红色液体便和清水完全混杂在一起（见图2-10d），表明管中液流完全紊乱，这时的流动状态称为湍流（又叫作紊流）。如果将阀8逐渐关小，当流速减小至一定值时，水流又重新恢复为层流。层流与湍流是两种不同性质的流动状态。层流时液体流速较低，液体质点间的黏性力起主导作用，液体质点受黏性的约束，不能随意运动；湍流时液体流速较高，液体质点间黏性的制约作用减弱，惯性力起主导作用。

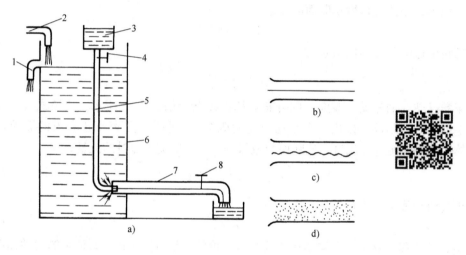

图2-10　雷诺实验

a）实验装置　b）层流　c）湍流出现　d）湍流

1—溢流管　2—水管　3、6—容器　4、8—阀　5—细导管　7—玻璃管

液体的流动状态可以用雷诺数来判断。实验结果证明，液体在圆管中的流动状态不仅与管内的平均流速 v 有关，还与管道的内径 d、液体的运动黏度 ν 有关。而用来判别液体流动状态的是由这三个参数所组成的一个无量纲数——雷诺数 Re，即

$$Re = \frac{vd}{\nu} \tag{2-31}$$

如果液体流动时的雷诺数相同，则流动状态也相同。液流由层流转变为湍流时的雷诺数和由湍流转变为层流时的雷诺数是不相同的，后者的数值小，所以一般都用后者作为判别液流状态的依据，称为临界雷诺数，记为 Re_{DKP}。当液流的实际雷诺数 Re 小于临界雷诺数 Re_{DKP} 时，液体的流动状态为层流；反之，液体的流动状态为湍流。常见液流管道的临界雷诺数见表2-5。

表 2-5　常见液流管道的临界雷诺数

管　　道	Re_{DKP}	管　　道	Re_{DKP}
光滑金属圆管	2320	带环槽的同心环状缝隙	700
橡胶软管	1600~2000	带环槽的偏心环状缝隙	400
光滑的同心环状缝隙	1100	圆柱形滑阀阀口	260
光滑的偏心环状缝隙	1000	锥阀阀口	20~100

对于非圆形截面的管道，Re 可用下式计算

$$Re = \frac{d_H v}{\nu} \tag{2-32}$$

式（2-32）中的 d_H 为过流断面的水力直径，可按下式求得

$$d_H = \frac{4A}{\chi} \tag{2-33}$$

式中　A——过流断面面积（m^2）；

　　　χ——湿周长度，指的是在过流断面上与液体相接触的管壁的周长（m）。

水力直径的大小对通流能力的影响很大，水力直径大，就意味着液流和管壁的接触周长短，管壁对液流的阻力小，通流能力大。

二、流量连续性方程

流量连续性方程是质量守恒定律在流体力学中的一种表达形式。图 2-11 所示为不等截面管，液体在管内恒定流动，任取1、2两个过流断面，设其面积分别为 A_1 和 A_2，两个截面中液体的平均流速和密度分别为 v_1、v_2 和 ρ_1、ρ_2，根据质量守恒定律，在单位时间内流过两个截面的液体质量相等，即不考虑液体的压缩性，有 $\rho_1 = \rho_2$，则有

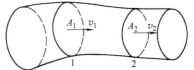

图 2-11　液流连续性方程的推导

$$q_V = vA = 常量 \tag{2-34}$$

这就是液流的流量连续性方程，它说明恒定流动中流过各截面的不可压缩流体的流量是不变的。由此可知，液体的流速和过流断面的面积成反比。

三、伯努利方程

伯努利方程是能量守恒定律在流体力学中的一种表达形式。

1. 理想液体伯努利方程

设理想液体在图 2-12 所示的管道内恒定流动。任取一段液流 ab 作为研究对象，设 a、b 两过流断面的中心到基准面 o—o 的高度分别为 h_1 和 h_2，过流断面的面积分别为 A_1 和 A_2，压力分别为 p_1 和 p_2。由于是理想液体，断面上的流速可以认为是均匀分布的，故设 a、b 断面处液体的流速分别为 v_1 和 v_2。假设经过很短时间 Δt 以后，ab 段液体移动到 a'b'位置。现将该段液体的功与能的变化情况分析如下：

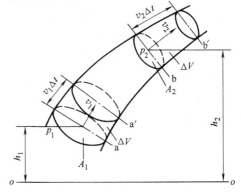

图 2-12　理想液体伯努利方程的推导

（1）外力所做的功　作用在该段液体上的外力分别有来自侧面和两过流断面的压力，因为理想液体无黏性，侧面压力不能产生摩擦力做功，故外力所做的功仅是两断面压力所做功的代数和，即

$$W = p_1 A_1 v_1 \Delta t - p_2 A_2 v_2 \Delta t \tag{2-35}$$

由连续性方程可知：$A_1 v_1 = A_2 v_2 = q_v$ 或 $A_1 v_1 \Delta t = A_2 v_2 \Delta t = q_v \Delta t = \Delta V$

式中　ΔV——aa' 或 bb' 微小段液体的体积。

故有

$$W = (p_1 - p_2) \Delta V \tag{2-36}$$

（2）液体机械能的变化　因理想液体恒定流动，经过 Δt 时间后，中间a' b段液体的所有力学参数均未发生变化，故这段液体的能量也没有发生改变。液体机械能的变化仅表现在 bb'和 aa' 两小段液体的能量差别上。由于前后两段液体有相同的质量 $\Delta m = \rho_1 A_1 v_1 \Delta t = \rho_2 A_2 v_2 \Delta t = \rho q_v \Delta t = \rho \Delta V$，所以这两段液体的位能差 ΔE_p 和动能差 ΔE_k 分别为

$$\Delta E_p = \rho g q_v \Delta t (h_2 - h_1) = \rho g \Delta V (h_2 - h_1)$$

$$\Delta E_k = \frac{1}{2} \rho g q_v \Delta t (v_2^2 - v_1^2) = \frac{1}{2} \rho g \Delta V (v_2^2 - v_1^2)$$

根据能量守恒定律，外力对液体所做的功等于该液体能量的变化量，$W = \Delta E_p + \Delta E_k$，即

$$(p_1 - p_2) \Delta V = \rho g \Delta V (h_2 - h_1) + \frac{1}{2} \rho \Delta V (v_2^2 - v_1^2) \tag{2-37}$$

将式（2-37）两边分别除以微小段液体的体积 ΔV，整理后的理想液体伯努利方程为

$$p_1 + \rho g h_1 + \frac{1}{2} \rho v_1^2 = p_2 + \rho g h_2 + \frac{1}{2} \rho v_2^2 \tag{2-38}$$

或

$$p + \rho g h + \frac{1}{2} \rho v^2 = 常量 \tag{2-39}$$

式（2-39）中各项分别表示单位体积液体的压力能、位能和动能。因此，伯努利方程的物理意义是：在密闭管道内恒定流动的理想液体具有三种形式的能量，即压力能、位能和动能。在液体流动过程中，三种形式的能量可以相互转化，但在各个过流断面上三种能量之和恒为定值。

2. 实际液体伯努利方程

实际液体在管道内流动时，由于液体存在黏性，液体内部会产生内摩擦力，消耗能量；同时，管道局部形状和尺寸的骤然变化，也会使液流产生扰动，亦消耗能量。因此，实际液体流动时有能量损失存在，设单位体积液体在两过流断面间流动的能量损失为 Δp_w。另外，由于实际液体在管道过流断面上的流速分布是不均匀的，在用平均流速代替实际流速计算动能时，必然会产生误差。为了修正这个误差，需引入动能修正系数 α，因此，实际液体的伯努利方程为

$$p_1 + \rho g h_1 + \frac{1}{2} \rho \alpha_1 v_1^2 = p_2 + \rho g h_2 + \frac{1}{2} \rho \alpha_2 v_2^2 + \Delta p_w \tag{2-40}$$

式中　α_1、α_2——动能修正系数，湍流时取 $\alpha = 1$，层流时取 $\alpha = 2$。

伯努利方程揭示了液体流动过程中的能量变化规律，因此它是流体力学中一个特别重要

的基本方程。伯努利方程不仅是进行液压系统分析的理论基础，而且还可用来对多种液压问题进行研究和计算。

应用伯努利方程时必须注意以下两点：

1）过流断面 1、2 需要在顺流方向进行选取（否则 Δp_w 为负值），且应选在缓变的过流断面上。

2）断面中心在基准面以上时，h 取正值；反之取负值。通常选取特殊位置的水平面作为基准面。

四、动量方程

动量方程是动量定理在流体力学中的具体应用。动量方程可以用来计算流动液体作用于限制其流动的固体壁面上的总作用力。根据刚体力学动量定理，作用在物体上全部外力的矢量和应等于物体在力作用方向上的动量的变化率，即

$$\sum F = \frac{m v_2}{\Delta t} - \frac{m v_1}{\Delta t} \tag{2-41}$$

对于恒定流动的液体，若忽略其可压缩性，可将 $m = \rho q_v \Delta t$ 代入式（2-41），并考虑以平均流速代替实际流速会产生误差，因而引入动量修正系数 β，则可写出动量方程，即

$$\sum F = \rho q_V(\beta_2 v_2 - \beta_1 v_1) \tag{2-42}$$

式中　$\sum F$——作用在液体上所有外力的矢量和（N）；

$\quad v_1$、v_2——液流在前、后两个过流断面上的平均流速矢量（m/s）；

$\qquad \beta$——动量修正系数，湍流时 $\beta = 1$，层流时 $\beta = 1.33$；为简化计算过程，均取 $\beta = 1$；

$\quad \rho$、q_V——液体的密度和流量。

式（2-42）为液体稳定流动时的动量方程，该方程表明：作用在液体控制体积上的外力总和 $\sum F$ 等于单位时间内流出与流入控制表面的液体的动量之差。该式为矢量表达式，应用时可根据问题具体要求，向指定方向投影，求出作用在液体该方向上的分量。显然，根据作用力与反作用力相等的原理，液体也以同样大小的力作用在使其流速发生变化的物体上。由此，可按动量方程求得流动液体作用在固体壁面上的作用力，此作用力又称为稳态液动力，简称液动力。在指定方向 x 上的稳态液动力计算公式为

$$F'_x = -\sum F_x = \rho q_V(\beta_1 v_{1x} - \beta_2 v_{2x}) \tag{2-43}$$

第四节　液体流动时的压力损失

实际液体具有黏性，流动时会有阻力产生。为了克服阻力，流动液体需要损耗一部分能量，这种单位体积液体的能量损失就是实际液体伯努利方程中的 Δp_w，因 Δp_w 具有与压力相同的量纲，通常被称为压力损失。

在液压系统中，压力损失不仅表明系统损耗了能量，并且由于液压能转变为热能，将导致系统的温度升高。因此，在设计液压系统时，要尽量减少压力损失。压力损失可分为两类：沿程压力损失和局部压力损失。

一、沿程压力损失

液体在等径直管中流动时因黏性摩擦而产生的压力损失，称为沿程压力损失。液体的流动状态不同，所产生的沿程压力损失也有所不同。

1. 层流时的沿程压力损失

图 2-13 所示为液体在等径水平直管中做层流运动。层流时液体质点做有规则的流动，因此可以用数学工具全面探讨其流动状况，并最后导出沿程压力损失的计算公式，即

$$\Delta p_\lambda = \lambda \frac{l}{d} \times \frac{\rho v^2}{2} \tag{2-44}$$

式中　λ——沿程阻力系数。

液体在层流时，沿程阻力系数的理论值 $\lambda = 64/Re$。考虑到实际圆管截面可能有变形，以及靠近管壁处的液层可能冷却，因而在实际计算时，对金属管取 $\lambda = 75/Re$，橡胶管 $\lambda = 80/Re$。

式（2-44）是在水平直管的条件下推导出来的，但前已述及，在液压传动中，液体自重和位置变化的影响可以忽略，故此公式也适用于非水平直管。

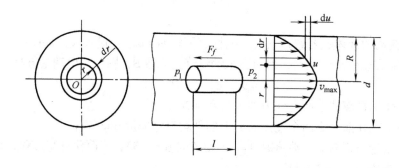

图 2-13　液体在等径水平直管中做层流运动

2. 湍流时的沿程压力损失

湍流时计算沿程压力损失的公式在形式上与层流时相同，但式（2-44）中的阻力系数 λ 除与雷诺数 Re 有关外，还与管壁的表面粗糙度有关，即 $\lambda = f(Re, \Delta/d)$，这里的 Δ 为管壁的绝对表面粗糙度，它与管径 d 的比值 Δ/d 称为相对表面粗糙度。对于光滑管，当 $2.32 \times 10^3 \leqslant Re < 10^5$ 时，$\lambda = 0.3164 Re^{-0.25}$；对于粗糙管，$\lambda$ 的值可以根据不同的 Re 和 Δ/d 从有关液压传动设计手册中查出。

二、局部压力损失

液体流经管路的弯头、接头、突变截面以及阀口、滤网等局部装置时，液流会产生旋涡，并发生强烈的湍流现象，由此而造成的压力损失称为局部压力损失。当液体流过上述各种局部装置时，流动状况极为复杂，影响因素较多，局部压力损失值不易从理论上进行分析计算，因此局部压力损失的阻力系数，一般要依靠实验来确定。局部压力损失 Δp_ξ 的计算公式为

$$\Delta p_\xi = \xi \frac{\rho v^2}{2} \tag{2-45}$$

式中　ξ——局部阻力系数。各种局部装置结构的 ξ 值可查阅有关液压传动设计手册。

液体流过各种阀类的局部压力损失也满足式（2-45），但因阀内的通道结构较为复杂，按此公式计算比较困难，故阀类元件局部压力损失 Δp_v 的实际计算常采用的公式为

$$\Delta p_v = \Delta p_N \left(\frac{q_V}{q_{VN}} \right)^2 \qquad (2\text{-}46)$$

式中　q_{VN}——阀的额定流量；

　　Δp_N——阀在额定流量 q_{VN} 下的压力损失（可从阀的产品样本或设计手册中查出）；

　　q_V——通过阀的实际流量。

三、管路系统的总压力损失

整个管路系统的总压力损失应为所有沿程压力损失和所有局部压力损失之和，即

$$\Sigma \Delta p = \Sigma \Delta p_\lambda + \Sigma \Delta p_\xi + \Sigma \Delta p_v = \Sigma \lambda \frac{l}{d} \times \frac{\rho v^2}{2} + \Sigma \xi \frac{\rho v^2}{2} + \Sigma \Delta p_N \left(\frac{q_V}{d_{VN}} \right)^2 \qquad (2\text{-}47)$$

在液压系统中，绝大部分压力损失将转变为热能，造成系统温升增高，泄漏增大，以致影响系统的工作性能。从压力损失计算公式可以看出，减小流速，缩短管路长度，减少管路截面的突变，提高管路内壁的加工质量等，都可以使压力损失减小。其中以流速的影响为最大，故液体在管路系统中的流速不应过高。

第五节　小孔流量和缝隙流量

液压传动中常利用液体流经阀的小孔或缝隙来控制流量和压力，以达到调速和调压的目的。液压元件的泄漏也属于缝隙流动。

一、小孔流量

当小孔的通流长度 l 和孔径 d 之比，即长径比 $l/d \leqslant 0.5$ 时，称为薄壁小孔；当 $l/d > 4$ 时，称为细长孔；当 $0.5 < l/d \leqslant 4$ 时，称为短孔。

图 2-14 所示为进口边做成锐缘的典型薄壁孔口。由于惯性作用，液流通过小孔时要发生收缩

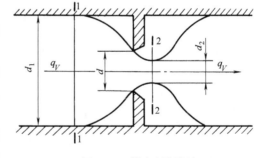

图 2-14　薄壁小孔液流

现象，在靠近孔口的后方出现收缩最大的过流断面。现列出孔前通道断面 1-1 和收缩断面 2-2 之间的伯努利方程为

$$p_1 + \rho g h_1 + \frac{1}{2}\rho \alpha_1 v_1^2 = p_2 + \rho g h_2 + \frac{1}{2}\rho \alpha_2 v_2^2 + \Delta p_w \qquad (2\text{-}48)$$

式（2-48）中，$h_1 = h_2$；因 v_1 比 v_2 小得多，可以忽略不计；收缩断面的流速分布均匀，$\alpha_2 = 1$；而仅为局部损失，即 $\Delta p_w = \xi \frac{\rho v_2^2}{2}$。代入式（2-48）后得

$$v_2 = \frac{1}{\sqrt{1+\xi}} \sqrt{\frac{2}{\rho}(p_1 - p_2)} = C_v \sqrt{\frac{2}{\rho}\Delta p} \qquad (2\text{-}49)$$

式中　Δp——小孔前后压力差（MPa）；

　　C_v——速度系数。

其中，
$$C_v = \frac{1}{\sqrt{1+\xi}}$$

因而，可以得到

$$q_V = A_2 v_2 = C_v C_c A_T \sqrt{\frac{2}{\rho}\Delta p} = C_q A_T \sqrt{\frac{2}{\rho}\Delta p} \tag{2-50}$$

式中 C_q——流量系数，$C_q = C_v C_c$；

C_c——收缩系数，$C_c = A_2/A_T$；

A_2——收缩断面的面积（m^2）；

A_T——小孔过流断面的面积（m^2）。

C_c、C_q、C_v 的数值可由实验确定。

薄壁孔由于流程很短，流量对油液温度的变化不敏感，因而流量稳定，宜做节流器用。但薄壁孔加工困难，实际应用较多的是短孔。短孔的流量公式依然是式（2-50），但流量系数 C_q 不同。

流经细长孔的液流，由于黏性而流动不畅，故多为层流。其流量计算可以作为圆管层流流量推导出来。

最后，我们可以归纳出一个通用公式，即

$$q_V = C A_T \Delta p^{\varphi} \tag{2-51}$$

式中 A_T、Δp——小孔的过流断面面积和两端压力差（MPa）；

C——由孔的形状、尺寸和液体性质决定的系数；

φ——由孔的长径比决定的指数，薄壁孔为 0.5，短孔和细长孔为 1。

式（2-51）常作为分析小孔的流量压力特性之用。

二、缝隙流量

在液压元件中，构成运动副的一些运动件与固定件之间存在着一定缝隙，而当缝隙两端的液体存在压力差时，势必形成缝隙流动，即泄漏。泄漏的存在将严重影响液压元件，特别是液压泵和液压马达的工作性能。当圆柱体存在一定锥度时，其缝隙流动还可能导致卡紧现象，这是一个值得引起注意的问题。

1. 平板缝隙

当两平行平板缝隙间充满液体时，如果液体受到压力差 $\Delta p = p_1 - p_2$ 的作用，液体将会产生流动。如果没有压力差 Δp 的作用，而两平行平板之间有相对运动，即一平板固定，另一平板以速度 u_0（与压力差的方向相同）运动时，由于液体存在黏性，液体亦会被带着移动，这就是剪切作用所引起的流动。液体通过平行平板缝隙时的最一般的流动情况：既受到压力差 Δp 的作用，又受平行平板相对运动的作用，如图 2-15 所示。

图 2-15 中，δ 为缝隙高度，已知 b 和 l 为缝隙宽度和长度，一般情况下，$b \gg \delta$、$l \gg \delta$。可以用数学工具全面探讨其流动状况，并

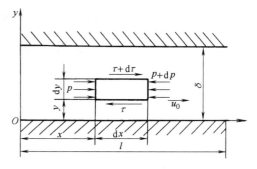

图 2-15 固定平行平板缝隙的液流

最后导出计算公式

$$q_V = \frac{b\delta^3}{12\mu l}\Delta p \tag{2-52}$$

当平行平板承受剪切作用时，其流量值为

$$q_V = vA = \frac{u_0}{2}b\delta \tag{2-53}$$

当作相对运动的平行平板缝隙中既有压差流动又有剪切流动时，流过相对运动平板缝隙的流量为压差流量和剪切流量两者的代数和，即

$$q_V = \frac{b\delta^3}{12\mu l}\Delta p \pm \frac{u_0}{2}b\delta \tag{2-54}$$

"±"号的确定方法如下：当长平板相对于短平板移动的方向和压差方向相同时取"＋"号方向；相反时取"－"号。

2. 环缝隙的流量

在液压元件中，液压缸的活塞和缸孔之间，液压阀的阀芯和阀孔之间，都存在圆环缝隙。圆环缝隙有同心和偏心的两种情况，它们的流量公式是有所不同的。

（1）同心圆环缝隙的流量　图2-16所示为同心圆环缝隙的流动。该圆柱体的直径为d，缝隙厚度为δ，缝隙长度为l。如果将圆环缝隙沿圆周方向展开，就相当于一个平行平板缝隙。因此，只要用πd替代式（2-53）中的b，就可以得到内外圆表面之间有相对运动的同心圆环缝隙流量公式为

$$q_V = \frac{\pi d\delta^3}{12\mu l}\Delta p \pm \frac{\pi d\delta u_0}{2} \tag{2-55}$$

（2）偏心圆环缝隙的流量　若圆环的内外圆不同心，偏心距为e，则形成偏心圆环缝隙。其流量公式为

$$q_V = \frac{\pi d\delta^3 \Delta p}{12\mu l}(1 + 1.5\varepsilon^2) \pm \frac{\pi d\delta u_0}{2} \tag{2-56}$$

式中　δ——内外圆同心时的缝隙厚度（m）；

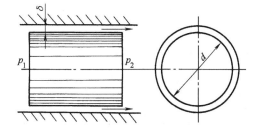

图2-16　同心圆环缝隙的液流

ε——相对偏心率，即二圆偏心距e和同心环缝隙厚度δ的比值（$\varepsilon = e/\delta$）。

由式（2-56）可以看到，当$\varepsilon = 0$时，它就是同心圆环缝隙的流量公式；当$\varepsilon = 1$时，即在最大偏心情况下，其压差流量为同心圆环缝隙压差流量的2.5倍。由此可见，在液压元件中，为了减少圆环缝隙的泄漏，应使相互配合的元件尽量处于同心状态。

第六节　液压冲击和气穴现象

在液压传动中，液压冲击和气穴现象都会给液压系统的正常工作带来不利影响，因此需要了解这些现象产生的原因，并采取相应的措施以减小其危害。

一、液压冲击

在液压系统中，因某种原因造成液体压力在一瞬间突然升高时，会产生一个很高的压力峰值，这种现象称为液压冲击。液压冲击时产生的压力峰值往往比正常工作压力高好几倍，这种瞬间压力冲击不仅引起振动和噪声，而且会损坏密封装置、管路和液压元件，有时还会使某些液压元件（如压力继电器、顺序阀等）产生误动作，造成设备事故。

1. 液压冲击的类型

液压系统中的液压冲击按其产生的原因可分为：因液流通路迅速关闭或液流迅速换向使液流速度的大小或方向发生突然变化时，由液流存在惯性导致产生液压冲击；因运动的工作部件突然制动或换向时，由工作部件的惯性引起的液压冲击。下面对两种常见的液压冲击现象进行分析如下：

1）管路阀门突然关闭时的液压冲击。如图 2-17 所示，具有一定容积的容器（蓄能器或液压缸）中的液体沿长度为 l、直径为 d 的管路经出口处的阀门以速度 u_0 流出，若将阀门突然关闭，则在靠近阀门处 B 点的液体立即停止运动，液体的动能转换为压力能，B 点的压力升高，接着后面的液体分层依次停止运动，动能依次转换为压力能，形成压力波，并以速度 C 由 B 向 A 传播，到 A 点后，又反向向 B 点传播。于是，压力冲击波以速度 C 在管道的 A、B 两点间往复传播，在系统内形成压力振荡。实际上由于管路变形和液体黏性损失需要消耗能量，因此振荡过程会逐渐衰减，最后趋于稳定。

2）运动部件制动时产生的液压冲击。设总质量为 Σm 的运动部件在制动时的减速时间为 Δt，速度的减小值为 Δu，液压缸有效工作面积为 A，则根据动量定理可求得系统中的冲击压力的近似值 Δp 为

$$\Delta p = \frac{\Sigma m \Delta u}{A \Delta t} \qquad (2-57)$$

2. 减小液压冲击的措施

通过分析液压冲击的影响因素，可以归纳出如下减小液压冲击的主要措施：

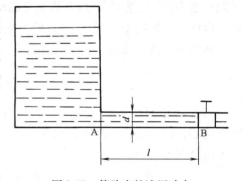

图 2-17　管路中的液压冲击

1）延长阀门关闭和运动部件制动换向的时间，可采用换向时间可调的换向阀。

2）限制管路流速及运动部件的速度，一般在液压系统中将管路流速控制在 4.5m/s 以内，而运动部件的质量 Σm 越大，越应控制其运动速度不要太大。

3）适当增大管径，不仅可以降低流速，而且可以减小压力冲击波传播速度。

4）尽量缩短管道长度，可以减小压力波的传播时间。

5）用橡胶软管或在冲击源处设置蓄能器，以吸收冲击的能量；也可以在容易出现液压冲击的地方，安装限制压力升高的安全阀。

二、气穴现象

1. 气穴现象的机理及危害

气穴现象又称为空穴现象。在液压系统中，如果某点处的压力低于液压油所在温度下的空气分离压时，原先溶解在液体中的空气就会分离出来，使液体中迅速出现大量气泡，这种现象叫作气穴现象。当压力进一步减小而低于液体的饱和蒸气压时，液体将迅速汽化，产生

大量蒸气气泡，使气穴现象更加严重。

气穴现象多发生在阀门和液压泵的吸油口。在阀口处，一般由于通流截面较小而使流速很高，根据伯努利方程，该处的压力会很低，以致产生气穴。在液压泵的吸油过程中，吸油口的绝对压力会低于大气压力，如果液压泵的安装高度太大，再加上受到吸油口处过滤器和管路阻力、油液黏度等因素的影响，泵入口处的真空度会很大，亦会产生气穴。

当液压系统中出现气穴现象时，大量的气泡使液流的流动特性变坏，造成流量和压力的不稳定，当带有气泡的液流进入高压区时，周围的高压会使气泡迅速崩溃，使局部产生非常高的温度和冲击压力，引起振动和噪声。当附着在金属表面上的气泡破灭时，局部产生的高温和高压会使金属表面疲劳，时间一长会造成金属表面的侵蚀、剥落，甚至出现海绵状的小洞穴。这种由于气穴造成的对金属表面的腐蚀作用称为气蚀。气蚀会缩短元件的使用寿命，严重时会造成故障。

2. 减少气穴现象的措施

为减少气穴现象和气蚀的危害，一般采取如下措施：

1）减小阀孔或其他元件通道前后的压力降。

2）尽量降低液压泵的吸油高度，采用内径较大的吸油管并少用弯头，吸油管端的过滤器容量要大，以减小管路阻力，必要时对大流量泵采用辅助泵供油。

3）各元件的连接处要密封可靠，以防止空气进入。

4）对容易产生气蚀的元件，如泵的配油盘等，要采用抗腐蚀能力强的金属材料，增强元件的机械强度。

复习思考题

1. 压力有哪几种表示方法？液压系统的压力与外负载有什么关系？表压力是指什么压力？

2. 解释下述概念：理想液体、恒定流动、层流、湍流和雷诺数。

3. 理想液体伯努利方程的物理意义是什么？

4. 液压缸直径 $D=150\text{mm}$，柱塞直径 $d=100\text{mm}$，液压缸中充满油液。如果在柱塞上（见图2-18a）和缸体上（见图2-18b）的作用力 $F=50000\text{N}$，不计油液自重所产生的压力，求液压缸中液体的压力。

5. 如图2-19所示，一管路输送密度 $\rho=900\text{kg/m}^3$ 的液体，$h=15\text{m}$。测得点1、2处的压力分别如下：（1）$p_1=0.45\text{MPa}$、$p_2=0.4\text{MPa}$；（2）$p_1=0.45\text{MPa}$、$p_2=0.25\text{MPa}$。试确定液流的方向。

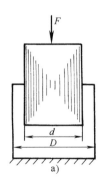
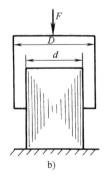

图2-18 题4图

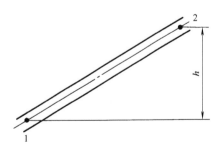

图2-19 题5图

6. 如图 2-20 所示，当阀门关闭时压力表的读数为 0.25MPa；阀门打开时压力表的读数为 0.06MPa。如果 $d = 12\text{mm}$，$\rho = 900\text{kg/m}^3$，不计液体流动时的能量损失，求阀门打开时的流量 q_V。

7. 如图 2-21 所示，某一液压泵从油箱中吸油，若吸油管直径 $d = 60\text{mm}$，流量 $q_V = 150\text{L/min}$，油液的运动黏度 $\nu = 30 \times 10^{-6}\text{m}^2/\text{s}$，$\rho = 900\text{kg/m}^3$，弯头处的局部损失系数 $\xi = 0.2$，吸油口粗滤器网上的压力损失 $\Delta p = 0.02\text{MPa}$。若希望液压泵吸油口处的真空度不大于 0.04MPa，求液压泵的安装（吸油）高度（吸油管浸入油液部分的沿程损失可忽略不计）。

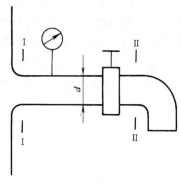

图 2-20　题 6 图

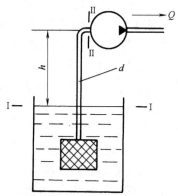

图 2-21　题 7 图

8. 什么是液压冲击和气穴现象？

9. 减少气穴现象的措施有哪些？

第三章

液压泵与液压马达

第一节 概　　述

液压泵是液压传动系统的动力装置，它将原动机输入的机械能转换成液体压力能，在液压传动系统中属于动力元件，是液压传动系统的重要组成部分。工程上常用的液压泵有齿轮泵、叶片泵和柱塞泵三种。齿轮泵包括外啮合齿轮泵和内啮合齿轮泵；叶片泵包括双作用叶片泵和单作用叶片泵；柱塞泵包括轴向柱塞泵和径向柱塞泵。液压泵的结构种类较多，但它们的基本工作原理和工作条件是相同的。

液压马达是执行元件，它可以将液体的压力能转换为机械能，输出转矩和转速。按照转速的不同，液压马达可分为高速和低速两大类。按照排量能否调节，液压马达可分为定量马达和变量马达两大类；变量马达又可分为单向变量马达和双向变量马达。另外，还有摆动液压马达。

一、液压泵与液压马达的工作原理及分类

液压泵的工作原理如图 3-1 所示。柱塞 2 靠弹簧 3 压在偏心轮 1 上，偏心轮转动时，柱塞便做往复运动。柱塞向右移动时，密封腔 6 因容积增大而形成一定真空，在大气压力的作用下通过单向阀 4 从油箱中吸入油液，这时单向阀 5 将压油口封闭，以防止系统油液回流；柱塞向左移动时，密封腔的容积减小，将已吸入的油液通过单向阀 5 压出，这时单向阀 4 将吸油口封闭，以防止油液回流到油箱中。偏心轮便不停地转动，泵就不断地进行吸油和压油。由此可见，液压泵是靠密封容积变化进行工作的，故常称

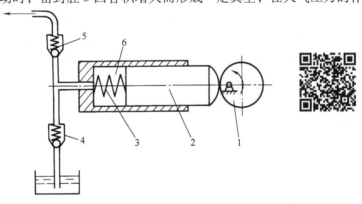

图 3-1　液压泵的工作原理
1—偏心轮　2—柱塞　3—弹簧　4、5—单向阀　6—密封腔

其为容积式液压泵。单向阀 4 和 5 是保证液压泵正常吸油和压油所必需的配油装置。

液压泵的种类很多，按其结构形式的不同，可分为齿轮式、叶片式、柱塞式和螺杆式等类型；按泵的排量能否改变，可分为定量泵和变量泵；按泵的输出油液方向能否改变，可分为单向泵和双向泵。

液压泵和液压马达的图形符号如图 3-2 所示，图 3-2a 所示为单向定量泵（或马达），图 3-2b 所示为单向变量泵（或马达），图 3-2c 所示为双向变量泵（或马达）。

由图 3-1 可以看出，无论液压泵的具体结构如何，它都必须满足两个工作条件：第一，必须有密闭而且可以变化的容积，以便完成吸油和排油过程；第二，必须有配流装置，以便将吸油和排油分开。

液压马达也是依靠密封容积的变化来工作的。液压马达的工作原理在理论上与液压泵具有可逆性，它们的结构也基本相同；但是，由于它们的工作任务和具体要求不同，所以在实际结构上只有少数泵能做马达使用。

液压马达可分为高速液压马达和低速大转矩马达。高速液压马达的转子转动惯量小、反应迅速、动作快，但输出的转矩相对较小；这类液压马达有齿轮式、叶片式、柱塞式等类型。低速马达可以在转速很低，甚至为零的情况下工作，转矩很大；其基本形式为径向柱塞式。

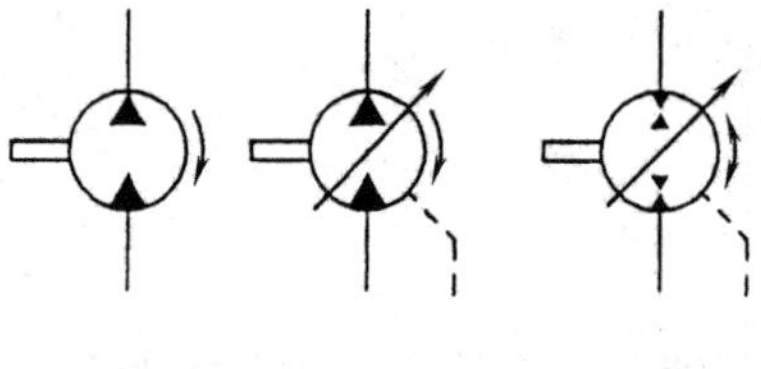

图 3-2　液压泵和液压马达的图形符号
a) 单向定量泵（或马达）　b) 单向变量泵
（或马达）　c) 双向变量泵（或马达）

二、液压泵与液压马达的性能参数

1. 液压泵的压力

液压泵的压力参数主要指工作压力和额定压力。液压泵的工作压力是指泵工作时输出液体的实际压力，其大小取决于负载；液压泵的额定压力是指泵在正常工作时允许达到的最大工作压力。正常工作时不允许超过液压泵的额定压力，超过此值即为过载。液压泵的最大工作压力受泵零件结构强度和泄漏程度的限制。

2. 液压泵的排量和流量

液压泵的排量是指按泵每转一转，由密封腔几何尺寸变化计算而得的排出液体的体积。排量可以用 V 来表示。

液压泵的流量有理论流量、实际流量和额定流量之分。

液压泵的理论流量是指泵在单位时间内由密封腔几何尺寸变化计算而得的排出液体的体积。理论流量用 q_{Vt} 表示，它等于泵的排量 V 与其转速 n 的乘积，即

$$q_{Vt} = Vn \tag{3-1}$$

液压泵的实际流量是指工作时实际输出的流量，可以用 q_V 来表示。由于泵存在泄漏问题，所以其实际流量总是小于理论流量。若泄漏量为 Δq，则有

$$q_V = q_{Vt} - \Delta q \tag{3-2}$$

液压泵的额定流量是指泵在正常工作条件下，试验标准规定必须保证的输出流量。

3. 液压泵的功率

液压泵输入的是电动机的机械能，表现为转矩 T 和转速 n；其输出的是液体压力能，表现为压力 p 和流量 q。当用液压泵输出的压力能驱动液压缸克服负载阻力 F，并以速度 v 做匀速运动时（若不考虑能量损失），则液压泵和液压缸的理论功率相等，即

$$P_t = 2\pi n T_t = Fv = pAv = pq_{Vt} \tag{3-3}$$

式中　　n——液压泵的转速；

　　　　T_t——驱动液压泵的理论转矩；

　　　　p——液压泵的工作压力；

　　　　A——液压缸的有效工作面积。

如果用驱动液压泵的实际转矩 T 代替式中理论转矩 T_t，则可得到液压泵的实际输入功

率 P_i；用液压泵的实际流量 q_V 代替式中理论流量 q_{Vt}，可以得到液压泵的实际输出功率 P_o。

4. 液压泵的效率

液压泵的输出功率总是小于输入功率，两者之差即为功率损失。功率损失又可分为容积损失（泄漏造成的流量损失）和机械损失（摩擦造成的转矩损失）。通常容积损失用容积效率 η_V 来表示，机械损失用机械效率 η_m 来表示。

容积效率是指液压泵的实际流量与理论流量的比值，即

$$\eta_V = \frac{q_V}{q_{Vt}} \qquad (3\text{-}4)$$

液压泵的泄漏量随压力升高而增大，相应其容积效率也随压力升高而降低。机械效率是指驱动液压泵的理论转矩与实际转矩的比值，即

$$\eta_m = \frac{T_t}{T} \qquad (3\text{-}5)$$

由于 $T_t = pV/2\pi$，代入式（3-5）中，则有

$$\eta_m = \frac{pV}{2\pi T} \qquad (3\text{-}6)$$

液压泵的总效率 η 为其实际输出功率 P_o 和实际输入功率 P_i 的比值，即

$$\eta = \frac{P_o}{P_i} = \frac{pq}{2\pi nT} = \frac{q_V}{q_{Vt}} \times \frac{pV}{2\pi T} = \eta_V \eta_m \qquad (3\text{-}7)$$

液压泵的容积效率和总效率是液压泵最常用的技术参数。工程上常用液压泵的容积效率和总效率见表3-3。

5. 液压马达的容积效率和转速

在液压马达的各项性能参数中，压力、排量、流量等参数与液压泵同类参数有相似的含义，其原则差别在于：在液压泵中它们是输出参数，在马达中它们则是输入参数。

液压马达的容积效率为理论流量 q_{Vt} 比实际流量 q_V，即

$$\eta_V = \frac{q_{Vt}}{q_V} \qquad (3\text{-}8)$$

液压马达的转速公式为

$$n = \frac{q_V}{V} \eta_V \qquad (3\text{-}9)$$

衡量液压马达转速性能好坏的一个重要指标是最低稳定转速，它是指液压马达在额定负载下不出现爬行（抖动或时转时停）现象的最低转速。在实际工作中，一般都希望最低稳定转速越低越好，这样就可以扩大马达的变速范围。

6. 液压马达的机械效率和转矩

液压马达的机械效率为实际输出转矩 T 和理论转矩 T_t 的比值，即

$$\eta_m = \frac{T}{T_t} \qquad (3\text{-}10)$$

设马达进、出口间的工作压力差为 Δp，则马达的输出转矩表达式为

$$T = \frac{\Delta pV}{2\pi} \eta_m \qquad (3\text{-}11)$$

7. 液压马达的总效率

液压马达的输入功率为 $P_i = pq_V$，输出功率为 $P_o = 2\pi nT$。液压马达的总效率为输出功率与输入功率的比值，即

$$\eta = \frac{P_o}{P_i} = \frac{2\pi nT}{\Delta pq_V} = \frac{2\pi nT}{\Delta p \dfrac{Vn}{\eta_V}} = \frac{T}{\dfrac{\Delta pV}{2\pi}}\eta_V = \eta_m \eta_V \qquad (3\text{-}12)$$

第二节 齿 轮 泵

齿轮泵在液压系统中应用十分广泛，按其结构形式可分为外啮合式和内啮合式两种。对于外啮合齿轮泵，由于其结构简单、制造方便、价格低廉、工作可靠、维修方便，因此已广泛应用于低压系统中。

一、外啮合齿轮泵的工作原理和结构

齿轮泵的工作原理如图 3-3 所示。在泵体内有一对外啮合齿轮，齿轮两端面靠盖板密封，这样泵体、盖板和齿轮的各齿槽就形成多个密封腔，轮齿啮合线又将左右两密封腔隔开而形成吸、压油腔。当齿轮按图 3-3 所示方向旋转时，吸油腔（右侧）内的轮齿不断脱开啮合，使其密封容积不断增大而形成一定真空，在大气压力作用下从油箱吸进油液；随着齿轮的旋转，齿槽内的油液被带到压油腔（左侧），压油腔内的轮齿不断进入啮合，使其密封容积不断减小，油液被压出。随着齿轮不停地转动，齿轮泵就不断地吸油和压油。

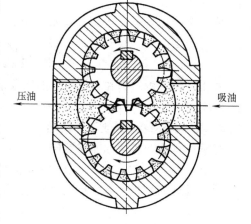

图 3-3 齿轮泵的工作原理

CB-B 型齿轮泵的结构如图 3-4 所示。该泵采用了泵体 4 与盖板 1、5 三片式结构，两盖板与泵体用定位销 8 和螺钉 2 联接。这种结构便于制造和维修时控制齿轮端面和盖板间的端面间隙（小流量泵间隙为 0.025 ~ 0.04mm，大流量泵间隙为 0.04 ~ 0.06mm，一对齿数相同互相啮合的齿轮 3 装在泵体内），两齿轮分别用键联接在由滚针轴承 10 支撑的主动轴 7 和从动轴 9 上。该泵采用了内部泄油方式，从压油腔泄漏到滚针轴承的油液可通过泄油通道 a、b、c 流回吸油腔，以保证冷却的油液对轴承进行循环润滑；同时，也降低了对堵头 11 和骨架式密封圈 6 的密封要求。为防止油液从泵体与盖板的接合面处向外泄漏和减小螺钉 2 的拉力，在泵体两端面上开有封油卸荷槽 d，将渗入泵体和盖板接合面间的液压油引回吸油腔。

外啮合齿轮泵主要缺点之一是内泄漏量较大，只适用于低压，在高压下容积效率太低。在齿轮泵内部，压油腔中的液压油可通过三条途径泄漏到吸油腔中：一是齿轮啮合处的间隙，称为啮合泄漏；二是顶隙，称为齿顶泄漏；三是端面间隙，称为端面泄漏。其中，通过端面间隙的端面泄漏量最大，占总泄漏量的 75% ~ 80%。因此，要提高齿轮泵的压力和容积效率，就必须对端面间隙进行自动补偿，以减小端面间隙泄漏量。

通常采用的端面间隙自动补偿装置有浮动轴套式、浮动侧板式和挠性侧板式等几种，其原理都是引入液压油使轴套或侧板紧贴于齿轮端面，实现自动补偿端面间隙。

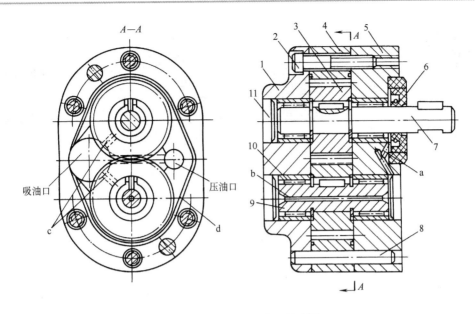

图 3-4　CB-B 型齿轮泵的结构

1、5—盖板　2—螺钉　3—齿轮　4—泵体　6—密封圈　7—主动轴　8—定位销

9—从动轴　10—滚针轴承　11—堵头

a、b、c—泄油通道　d—封油卸荷槽

　　浮动轴套的结构如图 3-5 所示。浮动轴套 1 在泵体内稍有轴向浮动，其左端面的 A 腔和泵的压油腔相通，但对应于吸油腔处设有卸压片和弓形密封圈（图中未画出），使浮动轴套的这部分区域和吸油腔相通（同时也和 A 腔分隔）。当泵工作时，浮动轴套受 A 腔油液压力作用而向右移动，使齿轮 2 的两端面紧贴浮动轴套 1 右端面和固定轴套 3 左端面，保证端面间隙只有一层油膜厚度。在泵起动时，靠弓形密封圈的预紧力消除端面间隙。这种结构，可使齿轮和轴套端面磨损均匀，且磨损间隙能得到自动补偿。采用这种补偿装置的高压齿轮泵，最大工作压力可达 10 ~ 16MPa，容积效率不低于90%。

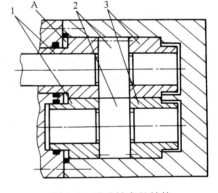

图 3-5　浮动轴套的结构

1—浮动轴套　2—齿轮　3—固定轴套

二、内啮合齿轮泵的工作原理

　　内啮合齿轮泵有渐开线齿轮泵和摆线齿轮泵（又称为摆线转子泵）两种，如图 3-6 所示。它们也是利用齿间密封容积变化实现吸、压油的。图中双点画线所示 1 为吸油腔，2 为压油腔，内啮合齿轮泵中小齿轮是主动轮。在渐开线齿形的内啮合齿轮泵中，小齿轮和内齿轮之间装有一个月牙形隔板将吸油腔和压油腔隔开（见图 3-6a）。对于摆线齿形的内啮合齿轮泵，由于小齿轮（又称为内转子）和内齿轮（又称为外转子）只相差一齿，故不需设置隔板（见图 3-6b）。内啮合齿轮泵的结构紧凑、尺寸小、重量轻、运转平稳、流量脉动小、噪声小，在高转速下工作时有较高的容积效率。由于齿轮转向相同，因此齿轮间相对滑动速度小、磨损小、使用寿命长；但齿形复杂，加工困难，价格较外啮合齿轮泵高。

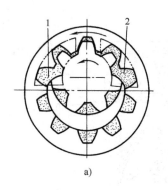

a)

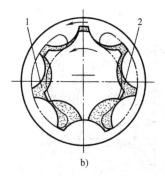

b)

图3-6　内啮合齿轮泵
a) 设置隔板　b) 没有隔板
1—吸油腔　2—压油腔

第三节　叶　片　泵

　　叶片泵在机床液压系统中的应用也较为广泛。它具有结构紧凑、体积小、运转平稳、噪声小、使用寿命较长等优点，但也存在着结构复杂、吸油性能较差、对油液污染比较敏感等缺点。按输出流量是否可变，叶片泵可分为定量叶片泵和变量叶片泵；按每转吸、压油次数和轴、轴承等零件所承受的径向液压力，其又分为单作用、非卸荷式（变量叶片泵）和双作用、卸荷式（定量叶片泵）。

一、定量叶片泵的工作原理

　　图3-7所示为定量叶片泵的工作原理。定子2与转子1的中心重合，定子内表面由两段半径为 R 的大圆弧和两段半径为 r 的小圆弧以及它们之间的四段过渡曲线组成。在配油盘上对应于定子四段过渡曲线的位置开有四个配油窗口，其中两个与吸油口相通，称为吸油窗口。另两个与压油口相通，称为压油窗口。转子上开有均布的径向槽，叶片3装在槽内，并可在槽内滑动。转子按图3-7中所示方向旋转时，叶片在离心力和根部液压油（叶片根部与压油腔相通）的作用下紧贴在定子内表面上，在配油盘、定子、转子和两相邻叶片间形成密封腔。转子转动过程中使叶片由小半径向大半径处滑移时，两叶片间的密封容积逐渐增大，形成局部真空而开始吸油；叶片由大半径向小半径处滑移时，因两叶片间的密封容积逐

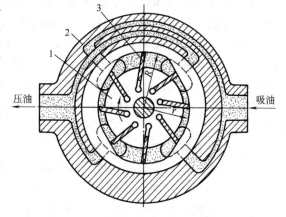

图3-7　定量叶片泵的工作原理
1—转子　2—定子　3—叶片

渐减小而压油。转子每旋转一周，叶片在槽内往复运动两次，完成两次吸油和压油，故称为双作用式叶片泵。

　　由于双作用式叶片泵的两个吸油窗口和两个压油窗口呈对称分布，径向受力是平衡的，因此这种叶片泵又称为卸荷式叶片泵。

二、YB1 型叶片泵的结构

图 3-8 所示为 YB1 型叶片泵的结构。为了便于装配和使用，用两个长螺钉 13 将左配油盘 1、右配油盘 5、定子 4、转子 12 和叶片 11 连成一个组件，保证左右配油盘的吸、压油窗口与定子内表面的过渡曲线相对应；长螺钉 13 的头部插入后泵体 6 的定位孔内，保证吸、压油窗口与泵的吸、压油窗口相对应。转子 12 通过内花键与由两个深沟球轴承 2 和 8 支撑的传动轴 3 相连接。盖板 10 上的骨架式密封圈 9 可防止油液泄漏和空气进入泵内。右配油盘 5 的右侧面与压油腔相通，在液压力作用下配油盘会紧贴定子端面，从而消除端面间隙。在泵起动时，右配油盘 5 与前泵体 7 间的端面 O 形密封圈可提供初始预紧力，以保证配油盘与定子端面紧密贴合。

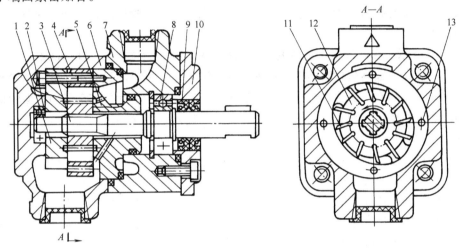

图 3-8　YB1 型叶片泵的结构

1—左配油盘　2、8—深沟球轴承　3—传动轴　4—定子　5—右配油盘　6—后泵体
7—前泵体　9—密封圈　10—盖板　11—叶片　12—转子　13—长螺钉

双作用叶片泵在结构上有两个显著特点：一是为了使叶片顶部与定子内表面紧密接触，叶片底部与高压油相通，使叶片充分伸出，顶在定子内表面上；二是为了减小叶片在伸缩时与叶片槽之间的摩擦力，将叶片相对于转动方向为前倾安装。因此，在安装双作用叶片泵时，必须让电动机的旋转方向为规定的方向，如果电动机反转，则叶片相对于转动方向不仅不是前倾，反而成为后倾，将极大地增加叶片伸缩时的摩擦力，使之损坏。

在左右配油盘对应于叶片根部位置开有环形槽 3，右配油盘（见图 3-9）的环形槽 3 内有两个通入液压油的小孔 4，液压油经小孔 4 和环形槽 3 进入叶片根部，保证叶片顶部与定子内表面间的可靠密封。左右配油盘上都开有吸、压油

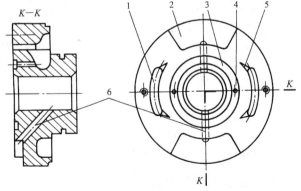

图 3-9　配油盘

1、2—腰形孔　3—环形槽　4—小孔　5—卸荷槽
6—泄漏油孔

窗口各两个，如右配油盘的上、下两缺口 2 即是吸油窗口，两个腰形孔 1 即为压油窗口。在腰形孔端部开有三角形小槽 5（称为卸荷槽），这个槽的主要作用是避免发生困油现象，以减轻密封腔油液从吸油区（或压油区）向压油区（或吸油区）过渡时的压力突变。右配油盘上的 6 为泄漏油孔，它可将泄漏至深沟球轴承（见图 3-8）处的油液引入到吸油口中，以降低骨架式密封圈的密封要求和保证冷却的油液循环润滑深沟球轴承。

三、高压叶片泵的结构

上述定量叶片泵的最大工作压力一般为 7MPa。一般定量叶片泵的叶片根部都与压油区相通，叶片处于吸油区时，叶片两端存在很大压力差，相应叶片顶部与定子内表面有很大的接触应力，从而导致强烈的摩擦磨损。为了提高叶片泵的工作压力，就必须解决叶片的卸荷问题。保证叶片实现卸荷的措施有多种，下面介绍高压叶片泵常用的两种叶片卸荷方式。

1. 双叶片式

如图 3-10 所示，在叶片槽内放置两个可以相对移动的叶片 1 和 2，其顶部都和定子内表面相接触，两叶片顶部倒角相对向内形成油室 a，并且通过两叶片间的小孔 b 与根部油室 c 相通，相应叶片根部液压油可通过小孔 b 到达顶部，从而降低了叶片与定子内表面的接触应力，减小了摩擦磨损。这种叶片泵的最大工作压力可提高到 17MPa。

2. 母子叶片式

母子叶片式又称为复合叶片式，如图 3-11 所示。叶片分为母叶片 1 和子叶片 2 两部分。通过配油盘使母、子叶片间的小腔 a 总是和液压油相通。母叶片根部 c 腔经转子 3 上虚线所示的小孔 b 始终和叶片顶部的油腔相通。当叶片在吸油区时，推动母叶片压向定子内表面的力除了有离心力外，还有来自 a 腔的液压力，由于 a 腔的工作面积不大，所以定子内表面所受的压力也不大。这种叶片泵的最大工作压力可达 20MPa。

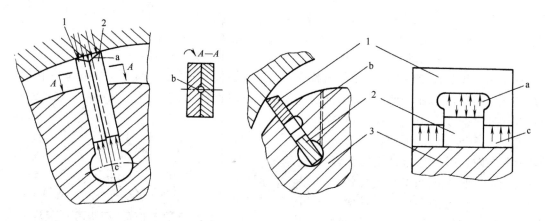

图 3-10　双叶片结构
1、2—叶片
a—顶部油室　b—小孔　c—根部油室

图 3-11　母子叶片式结构
1—母叶片　2—子叶片　3—转子

四、变量叶片泵的工作原理

图 3-12 所示为单作用式叶片泵的工作原理。与双作用式叶片泵不同的是，定子 3 的内表面是圆柱形，转子 2 与定子间有一偏心距 e，转子旋转时，叶片 1 依靠离心力使其顶部与定子内表面相接触。因此，必须保证变量叶片泵转动时，叶片相对于转动方向为后倾。配油

盘上开有吸、压油窗口各一个。转子旋转一周，叶片在转子槽内往复运动一次，每相邻两叶片间的密封容积产生一次增大和减小的变化，并完成一次吸油、压油过程，故称为单作用式叶片泵。又因为转子、轴和轴承等零件承受的径向液压力不平衡，因此这类泵又称为非卸荷式叶片泵，其额定压力不超过7MPa。

对于单作用式叶片泵，只要改变其偏心距 e 的大小，就可改变泵的排量和流量。偏心距可通过手动调节，也可自动调节。自动调节的变量泵可根据其工作特性的不同分为限压式、恒压式和恒流量式三类，其中以限压式应用较多。

限压式变量叶片泵是利用其工作压力的反馈作用实现变量的，常用的是外反馈式变量叶片泵。如图3-13所示，转子2的中心 O_1 是固定的，定子3可以左右移动；在限压弹簧5的作用下，定子与反馈液压缸6的活塞紧密靠在一起，这时定子中心 O_2 和转子中心 O_1 之间产生一个初始偏心距 e_0，它决定泵需要输出的最大流量。泵工作时，反馈液压缸对定子施加向右的压力 p_A，当泵的工作压力达到调定压力 p_B 时，定子所受反馈力与弹簧预紧力平衡，即 $p_B A = kx_0$；当泵的工作压力 $p < p_B$ 时，$p_A < kx_0$，定子保持不动，初始偏心距 e_0 不变，泵的输出流量最大且保持基本不变；当泵的工作压力 $p > p_B$ 时，$p_A > kx_0$，限压弹簧被压缩，定子向右移动，偏心距减小，泵的输出流量也相应减小；当泵的工作压力达到某一极限值时，限压弹簧被压缩至最小，定子移动到最右端，偏心距趋近于0，这时泵的输出流量为0。

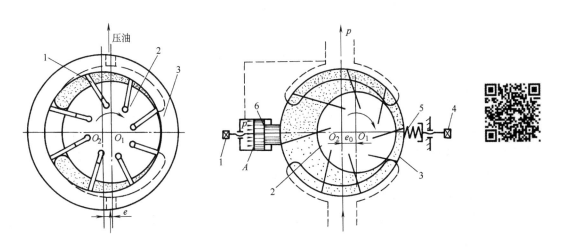

图3-12 单作用式叶片泵的工作原理
1—叶片 2—转子 3—定子

图3-13 限压式变量叶片泵的工作原理
1、4—调节手柄 2—转子 3—定子
5—限压弹簧 6—反馈液压缸

限压式变量叶片泵也适用于对执行机构有快、慢速要求的液压系统。快速时需要叶片泵低压大流量，慢速时需要高压小流量。它与采用一个高压大流量定量泵相比，可以降低功率损耗，减少油液发热；与采用双联泵相比，可以简化系统，节省液压元件。

第四节 柱 塞 泵

柱塞泵依靠柱塞在缸体的柱塞孔内做往复运动时，通过密封容积产生变化来实现泵的吸油和压油。由于柱塞与柱塞孔的表面均为圆柱表面，因此加工方便，配合精度高，密封性能好，泄漏量小，在高压状况下工作时仍有较高的容积效率。只要改变柱塞的工作行程就能改变泵的排量，容易实现单向或双向变量。它常用于高压大流量和流量需要调节的液压系统中，如某些工程机械、液压机、龙门刨床等液压系统。

按柱塞排列方向不同，柱塞泵可分为径向柱塞泵和轴向柱塞泵两大类。

一、径向柱塞泵的工作原理

图 3-14 所示为径向柱塞泵的工作原理。转子 3 上有按径向排列沿圆周均匀分布的柱塞孔，柱塞 1 在柱塞孔中滑动。衬套 4 以过盈配合的方式安装在转子孔内，随转子一起旋转，而配油轴 5 是固定不动的。当转子按图 3-14 中所示方向旋转时，柱塞在离心力（或低压油）作用下压紧在定子 2 的内表面上。由于转子和定子间有一偏心距 e，因此，当柱塞随转子转到上半周并向外伸出时，柱塞底部径向孔内的密封容积逐渐增大而产生局部真空，经固定配油轴上的 a 腔吸油；柱塞随转子转到下半周时则被向里推入，密封容积逐渐减小，经固定配油轴上的 b 腔压油。转子每旋转一周，每个柱塞各实现一次吸、压油过程。这就是径向柱塞泵的工作原理。

通过移动定子可以改变偏心距 e 的大小，进而泵的排量也就得以改变。当移动定子使偏心距 e 从正值变为负值

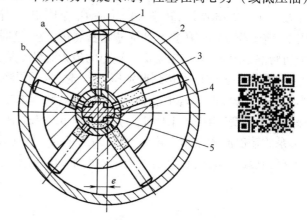

图 3-14　径向柱塞泵的工作原理
1—柱塞　2—定子　3—转子
4—衬套　5—配油轴

时，泵的吸、压油口发生互换，即可实现双向变量，故这种泵亦可作为双向变量泵。

由于径向柱塞泵的径向尺寸大、结构复杂、自吸能力差，且因配油轴受到径向不平衡液压力作用而易出现磨损，这些因素均都限制了径向柱塞泵转速和压力的进一步提高，因此近年来对径向柱塞泵的应用逐渐减少，并不断被轴向柱塞泵所代替。

二、轴向柱塞泵的工作原理

轴向柱塞泵是指柱塞在缸体内呈轴向排列并沿圆周均匀分布，柱塞的轴线平行于缸体旋转轴心线。

轴向柱塞泵的工作原理如图 3-15 所示。在缸体 1 上沿圆周均匀分布着几个轴向柱塞孔，柱塞 3 可在其中滑动。倾斜盘 4 的法线与缸体轴心线成 γ 角。倾斜盘 4 和配油盘 2 固定，传动轴 5 带动缸体和柱塞一起转动。柱塞在根部弹簧（或液压油）的作用下，而保持其头部与斜盘紧密接触。当传动轴按图 3-15 中所示方向旋转时，柱

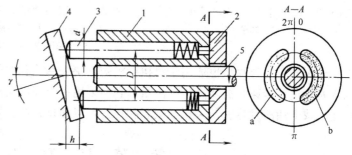

图 3-15　轴向柱塞泵的工作原理
1—缸体　2—配油盘　3—柱塞　4—倾斜盘　5—传动轴
a—吸油窗口　b—压油窗口

塞在自下向上回转的半周（π ~ 2π）内逐渐向外伸出，使缸体柱塞孔内的密封容积不断增大而产生局部真空，经配油盘上的吸油窗口 a 吸油；柱塞在自上向下回转的半周（0 ~ π）内则被斜盘向里推移，使密封容积不断减小，通过配油盘向压油窗口 b 压油。缸体每旋转一周，每个柱塞往复运动一次，完成一次吸、压油动作。如果改变倾斜盘倾角 γ 的大小，就能改变柱塞行程 h，进而也就改变了泵的排量；如果改变斜盘倾角 γ 的方向，就能改变吸油和压油的方向，而使其成为双向变量泵。

图 3-16 所示为 SCY14-1B 型轴向柱塞泵的结构，它由两部分组成，即泵体部分和变量机构部分。缸体 5 安装在中间泵体 1 和前泵体 7 内，并由传动轴 8 通过花键带动旋转。在缸体的 7 个柱塞孔内装有柱塞 9，柱塞的球形头部装在滑履 12 的孔内并可做相对转动。定心弹簧 3 通过内套 2、钢球 20 和压盘 14 将滑履压在倾斜盘 15 上，使泵具有一定自吸能力，同时定心弹簧又通过外套筒 10 将缸体压在配油盘 6 上。缸体外镶有钢套 4，支撑在圆柱滚子轴承 11 上，使压盘对缸体的径向分力由圆柱滚子轴承来承受，从而避免传动轴和缸体承受弯矩作用。缸体柱塞孔中的液压油经柱塞和滑履的中心小孔，送至滑履与倾斜盘的接触平面间，形成静压润滑膜，以减少摩擦磨损。缸体作用在配油盘的压力，除定心弹簧的作用力外，还有缸体柱塞孔底部台阶面上所受的液压力，此力比弹簧力要大得多，而且随泵的工作压力升高而增大，使缸体和配油盘保持良好贴合，使磨损间隙能得到自动补偿，因此泵具有较高的容积效率。

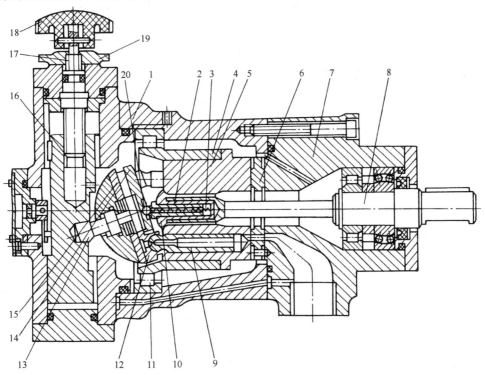

图 3-16　SCY14—1B 型轴向柱塞泵的结构

1—中间泵体　2—内套　3—定心弹簧　4—钢套　5—缸体　6—配油盘　7—前泵体　8—传动轴
9—柱塞　10—外套筒　11—圆柱滚子轴承　12—滑履　13—轴销　14—压盘　15—倾斜盘
16—变量活塞　17—丝杠　18—手轮　19—锁紧螺母　20—钢球

轴向柱塞泵的最大优点就是，只要改变倾斜盘的倾角就能改变其排量。若转动手轮 18，使丝杠 17 发生转动，在导向键的作用下变量活塞 16 开始上下移动，轴销 13 则使支撑在变量壳体上的倾斜盘绕钢球中心发生转动，从而使倾斜盘的倾角发生改变，相应也就改变了泵的排量。当泵流量达到使用要求时，可通过锁紧螺母19得以锁紧。这种变量机构的结构简单，但操纵力较大，通常只能在停机或工作压力较低的情况下操纵。

轴向柱塞泵除了有手动变量外，还有手动伺服变量、压力补偿变量、电动变量、恒压变量、零位对中式变量等。SCY14-1B型轴向柱塞泵的主体部分是通用部件，只要换上不同变量机构，就可组成不同的变量泵。

第五节　液压马达

一、高速液压马达

1. 齿轮液压马达

外啮合齿轮液压马达的工作原理如图3-17所示。C为两齿轮的啮合点，h为齿轮的齿高。啮合点C到两齿轮齿根的距离分别为a和b，齿宽为B。当高压油p进入马达的高压腔时，处于高压腔中的所有轮齿均受到液压油的作用，其中相互啮合的两个轮齿的齿面只有一部分齿面受高压油的作用。由于a和b均小于齿高h，所以在两个齿轮上就产生了两个不同的作用力$pB(h-a)$和$pB(h-b)$。在这两个力的作用下，齿轮便产生了一定的转矩，随着齿轮的旋转，油液被带入低压腔并排出。其中齿轮液压马达的排量公式与齿轮泵相同。

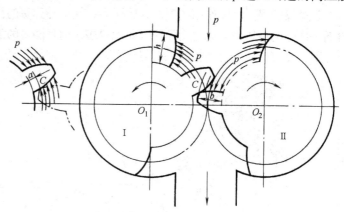

图3-17　外啮合齿轮液压马达的工作原理

对于齿轮马达，在结构上为了适应正反转的要求，其进出油口的大小相等，且保持对称，具有单独的外泄油口可将轴承部分的泄漏油引出壳体外；为了减少起动时产生的摩擦力矩，通常情况下，齿轮马达采用滚动轴承；为了减小转矩脉动变化，齿轮液压马达的齿数比泵的齿数要多。

由于齿轮液压马达密封性差、容积效率较低、输入油压力不能过高、不能产生较大转矩，而且瞬间转速和转矩随着啮合点的位置变化而变化，因此，齿轮液压马达仅适合于高速小转矩场合，一般用于工程机械、农业机械以及对转矩均匀性要求不高的机械设备上。

2. 叶片液压马达

常用叶片液压马达为双作用式，现说明其工作原理，如图3-18所示。当高压油p从进油口进入工作区段的叶片1和4之间时，其中叶片5两侧均受液压油p的作用但不产生转矩，而叶片1和4仅一侧受高压油的作用，另一侧受低压油的作用。由于叶片1的伸出面积大于叶片4的伸出面积，所以产生使转子顺时针方向转动的转矩。同理，叶片3和2之间也产生顺时针方向转矩。由图3-18可以看出，当改变进油方向时，高压油p进入叶片3和4之间和叶片1和2之间时，叶片将带动转子沿逆时针方向转动。

叶片液压马达的排量公式与双作用叶片泵的排量公式相同。为了满足马达正反转要求，

叶片液压马达的叶片呈径向放置；为了使叶片底部始终通入高压油，在高、低压油腔通入叶片底部的通路上装有梭阀；为了保证叶片液压马达在液压油通入后，高、低压腔不致串通且能正常起动，在叶片底部设置了预紧弹簧。

叶片液压马达具有体积小、转动惯量小、反应灵敏，并能适应较高频率的换向等优点，但泄漏量

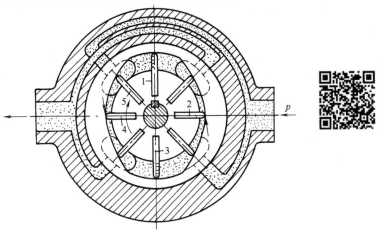

图3-18 双作用式叶片液压马达的工作原理
1、2、3、4、5—叶片

较大，低速时不够稳定。它适用于转矩小，转速高，力学性能要求不严格的场合。

二、低速液压马达

低速液压马达通常采用径向柱塞式结构，为了获得低速和大转矩，采用高压和大排量，它的体积和转动惯量很大，不能用于反应灵敏和频繁换向的场合。低速液压马达按其每转作用次数，可分为单作用式和多作用式两种。若马达每旋转一周，柱塞做一次往复运动，称为单作用式；若马达旋转一周，柱塞做多次往复运动，称为多作用式。

1. 单作用连杆型径向柱塞液压马达

单作用连杆型径向柱塞液压马达的结构如图3-19所示，其工作原理如图3-20所示。马达的外形呈五角星状（或七星状），壳体内有五个沿径向均匀分布的柱塞缸，柱塞与连杆保持铰接，连杆的另一端与曲轴的偏心轮外圆接触。在图3-20a所示位置，高压油进入柱

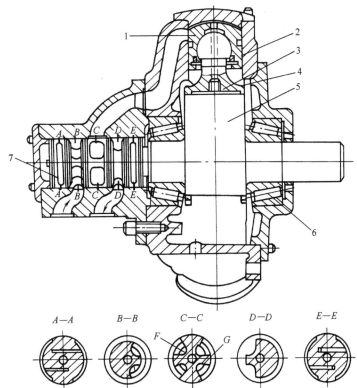

图3-19 单作用连杆型径向柱塞马达的结构
1—柱塞 2—壳体 3—连杆 4—挡圈 5—曲轴
6—圆柱滚子轴承 7—配流轴

塞缸 1、2 的顶部，柱塞受到高压油的作用；柱塞缸 3 处于与高压进油和低压回油均不相通的过渡位置；柱塞缸 4、5 与回油口相通。于是，高压油作用于柱塞缸 1 和 2 两个柱塞上的作用力 F 通过连杆作用在偏心轮的中心 O_1，对曲轴旋转中心 O 形成转矩 T，因此曲轴沿逆时针方向旋转。曲轴旋转时带动配流轴同步旋转，配流状态也随着发生变化。当配流轴旋转到图 3-20b 所示位置时，柱塞缸 1、2、3 同时通入高压油，对曲轴旋转中心形成转矩，柱塞缸 4 和 5 仍与回油口相通。当配流轴转动到图 3-20c 所示位置时，柱塞缸 1 中的柱塞退出高压区处于过渡状态，柱塞缸 2 和 3 中通入高压油，柱塞缸 4 和 5 与回油口保持相通。依此类推，在配流轴随曲轴旋转过程中，各柱塞缸将依次与高压进油和低压回油相通，保证曲轴能够连续旋转。若进回油口发生互换，则液压马达也随着反转，其工作过程与正转时相同。

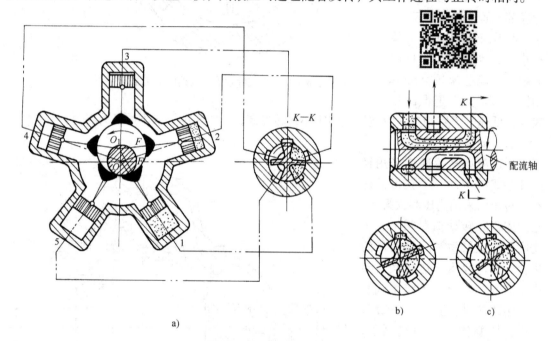

图 3-20　单作用连杆型径向柱塞液压马达的工作原理

a) 位置之一　b) 位置之二　c) 位置之三

　　单作用连杆型径向柱塞马达的优点是结构简单，工作可靠；其缺点是体积和重量较大，转矩脉动变化较大，低速稳定性较差。

　　2. 多作用内曲线径向柱塞液压马达

　　图 3-21 所示为多作用内曲线径向柱塞液压马达的工作原理。定子 1 的内表面由 x 段形状相同且均匀分布的曲面组成，曲面的数目 x 就是马达的作用次数。每一曲面凹部的顶点处被分为彼此对称的两半，一半为进油区段，另一半为回油区段。缸体 2 上有 z 个沿圆周均布的径向柱塞孔，柱塞孔中装有柱塞 3。柱塞的头部与横梁 4 保持接触，横梁可在缸体的径向槽中滑动。安装在横梁两端轴颈上的滚轮 5 可沿定子内表面滚动。在缸体内，每个柱塞孔底部都有一个配流孔与配流轴 6 相通。配流轴是固定不动的，它的上面有 $2x$ 个沿圆周均匀分布的配流窗孔，其中有 x 个窗孔 A 与轴中心的进油孔相通，另外 x 个窗孔 B 与回油孔道相通；这 $2x$ 个配流窗孔的位置又分别和定子内表面的进、回油区段一一相对应。当液压油输

入到液压马达后，通过配流轴上的进油窗孔分配到处于进油区段的柱塞底部的油腔中。油压使滚轮顶紧在定子内表面上，滚轮所受到的法向反力 F 可以分解为沿两个互相垂直方向的分力，其中径向分力 F_r 和作用在柱塞后端的液压力相平衡；切向分力 F_t 通过横梁对缸体产生转矩。同时，处于回油区段的柱塞受压缩作用，把低压油从回油窗孔排出。缸体每旋转一周，每个柱塞往复移动 x 次。由于 x 和 z 的值不等，所以任一瞬时总有一部分柱塞处于进油区段，使缸体能够连续转动。

内曲线径向柱塞式液压马达具有尺寸较小、径向受力平衡、转矩脉动小、转动效率高，并能在很低转速下稳定工作等优点，因此它获得了广泛的应用。

三、摆动液压马达

叶片式摆动液压马达有单叶片式和双叶片式两种。图 3-22a 所示为单叶片式摆动液压马达的工作原理，摆动液压马达的轴 3 上装有叶片 4，其中叶片和封油隔板 2 将缸体 1 内的密封空间分为两腔。当缸体的一个油口接通液压油，而另一油口接通回油时，叶片在油压的作用下往一个方向摆动，带动轴偏转一个小于 360° 的角度。当进、回油方向发生改变时，叶片就带动轴向相反的方向偏转。

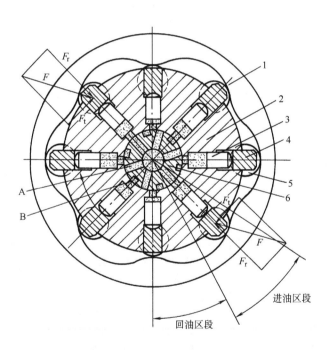

图 3-21　多作用内曲线径向柱塞液压马达的工作原理
1—定子　2—缸体　3—柱塞　4—横梁
5—滚轮　6—配流轴

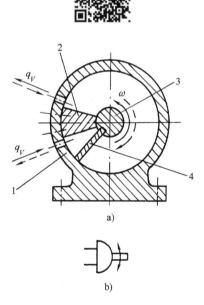

图 3-22　单叶片式摆动液压马达
a）工作原理　b）图形符号
1—缸体　2—隔板　3—轴　4—叶片

第六节　液压泵与液压马达常见的故障及排除方法

一、液压泵常见的故障及排除方法

液压泵常见的故障及排除方法见表 3-1。

表3-1 液压泵常见的故障及排除方法

故障现象	产生原因	排除方法
不排油或无压力	①原动机和液压泵转向不一致 ②油箱油位过低 ③吸油管或滤油器堵塞 ④起动时转速过低 ⑤油液黏度过大或叶片移动不灵活 ⑥叶片泵配油盘与泵体接触不良或叶片在滑槽内卡死 ⑦进油口漏气 ⑧组装螺钉过松	①纠正转向 ②补油至油标线 ③清洗吸油管路或滤油器,使其畅通 ④使转速达到液压泵的最低转速以上 ⑤更换黏度适合的液压油或提高油温 ⑥修理接触面,重新调试,清洗滑槽和叶片,重新安装 ⑦更换密封件或接头 ⑧拧紧螺钉
流量不足或压力不能升高	①吸油管或滤油器部分堵塞 ②吸油端连接处密封不严,有空气进入,吸油位置太高 ③叶片泵个别叶片装反,运动不灵活 ④泵盖螺钉松动 ⑤系统泄漏 ⑥齿轮泵轴向间隙和顶隙过大 ⑦叶片泵定子内表面磨损 ⑧柱塞泵柱塞与缸体或配油盘与缸体间磨损,柱塞回程不够或不能回程,引起缸体与配油盘间失去密封 ⑨柱塞泵变量机构失灵 ⑩侧板端磨损严重,漏损增加 ⑪溢流阀失灵	①除去脏物,使吸油畅通 ②在吸油端连接处涂油,若有好转,则紧固连接件,或更换密封,降低吸油高度 ③逐个检查,不灵活叶片应重新研配 ④适当拧紧 ⑤对系统进行顺序检查 ⑥找出间隙过大部位,采取必要措施 ⑦更换零件 ⑧更换柱塞,修磨配油盘与缸体的接触面,保证接触良好,检查或更换中心弹簧 ⑨检查变量机构,纠正其调整误差 ⑩更换零件 ⑪检修溢流阀
噪声严重	①吸油管或滤油器部分堵塞 ②吸油端连接处密封不严,有空气进入,吸油位置太高 ③从泵轴油封处有空气进入 ④泵盖螺钉松动 ⑤泵与联轴器不同轴或松动 ⑥油液黏度过高,油中有气泡 ⑦吸入口滤油器通过能力太小 ⑧转速太高 ⑨泵体腔道阻塞 ⑩齿轮泵齿形精度不高或接触不良,泵内零件损坏 ⑪齿轮泵轴向间隙过小,齿轮内孔与端面垂直度或泵盖上两孔平行度超差 ⑫溢流阀阻尼孔堵塞 ⑬管路振动	①除去脏物,使吸油管畅通 ②在吸油端连接处涂油,若有好转,则紧固连接件,或更换密封,降低吸油高度 ③更换油封 ④适当拧紧 ⑤重新安装,使其同轴,紧固连接件 ⑥换黏度适当的液压油,提高油液质量 ⑦改用通过能力较大的滤油器 ⑧使转速降至允许最高转速以下 ⑨清理或更换泵体 ⑩更换齿轮或研磨修整,更换损坏零件 ⑪检查并修复有关零件 ⑫拆卸溢流阀清洗 ⑬采取隔离消振措施

（续）

故障现象	产 生 原 因	排 除 方 法
泄漏	①柱塞泵中心弹簧损坏,使缸体与配流盘间失去密封性 ②油封或密封圈损伤 ③密封表面不良 ④泵内零件间磨损、间隙过大	①更换弹簧 ②更换油封或密封圈 ③检查修理 ④更换或重新配研零件
过热	①油液黏度过高或过低 ②侧板和轴套与齿轮端面严重摩擦 ③油液变质,吸油阻力增大 ④油箱容积太小,散热不良	①更换成黏度适合的液压油 ②修理或更换侧板和轴套 ③换油 ④加大油箱,扩大散热面积
柱塞泵变量机构失灵	①在控制油路上,可能出现阻塞 ②变量头与变量体磨损 ③伺服活塞、变量活塞以及弹簧心轴卡死	①净化油,必要时冲洗油路 ②刮修,使圆弧面配合良好 ③若机械卡死,可研磨修复;若油液污染,则清洗零件并更换油液
柱塞泵不转	①柱塞与缸体卡死 ②柱塞球头折断,滑靴脱落	①研磨、修复 ②更换零件

二、液压马达常见的故障及排除方法

液压马达常见的故障及排除方法见表3-2。

表3-2　液压马达常见的故障及排除方法

故障现象	产 生 原 因	排 除 方 法
转速低,输出转矩小	①由于滤油器阻塞,油液黏度过大,泵间隙过大,泵效率低,使供油不足 ②电动机转速低,功率不匹配 ③密封不严,有空气进入 ④油液污染,堵塞马达内部通道 ⑤油液黏度小,内泄漏增大 ⑥油箱中油液不足或管径过小或过长 ⑦齿轮马达侧板和齿轮两侧面、叶片马达配油盘和叶片等零件磨损造成内泄漏和外泄漏 ⑧单向阀密封不良,溢流阀失灵	①清洗滤油器,更换黏度适合的油液,保证供油量 ②更换电动机 ③紧固密封 ④拆卸、清洗马达,更换油液 ⑤更换黏度适合的油液 ⑥加油,加大吸油管径 ⑦对零件进行修复 ⑧修理阀芯和阀座
噪声过大	①进油口过滤器堵塞,进油管漏气 ②联轴器与马达轴不同轴或松动 ③齿轮马达齿形精度低,接触不良,轴向间隙小,内部个别零件损坏,齿轮内孔与端面不垂直,端盖上两孔不平行,滚针轴承断裂,轴承架损坏 ④叶片和主配油盘接触的两侧面、叶片顶端或定子内表面磨损或刮伤,扭力弹簧变形或损坏 ⑤径向柱塞马达的径向尺寸严重磨损	①清洗,紧固接头 ②重新安装调整或紧固 ③更换齿轮,或研磨修整齿形,研磨有关零件重配轴向间隙,对损坏零件进行更换 ④根据磨损程度修复或更换 ⑤修磨缸孔,重配柱塞

第七节　液压泵与液压马达的选用

液压泵的选用包括确定液压泵的类型、规格和型号。首先，根据液压传动系统主机的工况、功率和系统对工作性能的要求等条件来确定液压泵的类型；然后，按系统所要求的压力、流量确定其规格与型号。常用液压泵的性能比较见表 3-3，可供选用时参考。

表 3-3　常用液压泵的性能比较

液压泵类型	外啮合齿轮泵	双作用叶片泵	限压式变量叶片泵	轴向柱塞泵	径向柱塞泵
压力范围/MPa	低压≤2.5 中高压 16 ~ 21	6.3 ~ 21	≤10	≤40	10 ~ 20
容积效率(%)	70 ~ 95	80 ~ 94	58 ~ 92	88 ~ 93	80 ~ 90
总效率(%)	63 ~ 87	65 ~ 82	54 ~ 81	81 ~ 88	81 ~ 83
排量调节	不能	不能	能	能	能
流量脉动	大	小	一般	一般	一般
自吸特性	好	较差	较差	差	差
噪声	大	小	较大	大	大
污染敏感度	不敏感	较敏感	较敏感	很敏感	很敏感
价格	最低	中低	中	高	高

由于液压马达和液压泵在结构上很相似，因此，上述关于液压泵的选用原则也适用于液压马达。一般来说，齿轮马达的结构简单，价格便宜，常用于负载转矩不大、速度平稳性要求不高的场合，如研磨机、风扇等。叶片马达具有转动惯量小、动作灵敏等优点，但容积效率不高、机械特性软，适用于中高速以上、负载转矩不大、要求频繁起动和换向的场合，如磨床工作台、机床操作系统等。轴向柱塞马达具有容积效率高、调速范围大，且低速稳定性好等优点，适用于负载转矩较小、有变速要求的场合，如起重机械、内燃机车和数控机床等。

复习思考题

1. 某液压泵的工作压力为 10.0MPa，转速为 1450.0r/min，排量为 46.2mL/r，容积效率为 0.95，总效率为 0.9。试求泵的实际输出功率和驱动该泵所用电动机的功率。

2. 液压泵的两个工作条件是什么？简述外啮合齿轮泵的工作原理。

3. 什么叫液泵的工作压力、最高压力和额定压力？三者有何关系？

4. 什么是液压泵的排量？什么是理论流量？什么是实际流量？什么是容积损失和容积效率？

5. 齿轮泵的压力提高主要受到哪些因素的影响？可以采用哪些措施来提高齿轮泵的压力？

6. 已知液压泵的额定压力为 p_N，额定流量为 q_N，如不计管路压力损失，试确定在图 3-23 所示各工况下，泵的工作压力 p（压力表读数）各为多少？

7. 轴向柱塞泵是如何实现双向变量泵功能的？

8. 双作用叶片泵的叶片底部为什么要通入液压油？液压油是如何引入到叶片泵叶片的底部的？

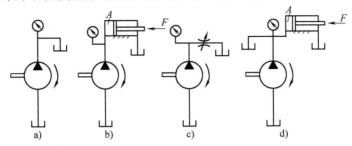

图 3-23　题 6 图

9. 双作用叶片泵的叶片在转子上是如何安装的？为什么要这样安装？在安装双作用叶片泵时，如果让电动机的转向与规定的方向相反，会产生什么后果？

10. 常用液压泵有哪些？它们的性能有何区别？

第四章

液 压 缸

液压缸既是液压传动系统中常用的执行元件，也是一种实现能量转换的元件。它可以将油液的压力能转换为机械能，从而实现执行机构的往复直线运动或摆动，进而输出力或转矩。

第一节 液压缸的类型及特点

液压缸有多种类型，按其结构形式可分为活塞式、柱塞式和组合式三大类；按作用方式又可分为单作用式和双作用式两种。由于液压缸结构简单、工作可靠，除可单独使用外，还可以通过多缸组合或与杠杆、连杆、齿轮齿条、棘轮棘爪等机构组合起来完成某种特殊功能，因此液压缸的应用十分广泛。

一、活塞式液压缸

活塞式液压缸通常有双杆式和单杆式两种结构形式；按安装方式不同可分为缸筒固定式和活塞杆固定式两种。

1. 双杆活塞式液压缸

图 4-1 所示为双杆活塞式液压缸的工作原理，活塞两侧都有活塞杆伸出。图 4-1a 所示为缸筒固定式，它的进、出油口布置在缸筒两侧，活塞通过活塞杆带动工作台移动。这种安装方式的特点是，当活塞的有效行程为 l 时，整个工作台的运动范围为 $3l$，所以机床占地面积较大，一般适用于小型机床。图 4-1b 所示为活塞杆固定式，其缸体与工作台相连，活塞杆通过支架固定在床身上，动力由缸体传出，其进、出油口可以设置在固定的空心活塞杆的两端，使油液从活塞杆中进出，也可设置在缸体的两端，但必须使用柔性连接。这种安装方式的特点是，工作台的运动范围为 $2l$，即只等于液压缸有效行程的 2 倍，因此其占地面积小，适用于大型机床及工作台行程要求较长的场合。

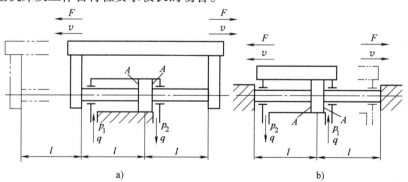

图 4-1 双杆活塞式液压缸的工作原理
a）缸筒固定式 b）活塞杆固定式

当两活塞杆直径相同时，液压缸两腔活塞的有效面积也相等，当供油压力和流量不变时，液压缸在两个方向上的运动速度和推力都相等。若活塞的直径为 D，活塞杆的直径为 d，活塞的有效面积为 A，液压缸进、出油腔的压力为 p_1 和 p_2，输入流量为 q 时，其推力 F 和速度 v 分别为

$$F = A(p_1 - p_2) = \frac{\pi}{4}(D^2 - d^2)(p_1 - p_2) \tag{4-1}$$

$$v = \frac{q}{A} = \frac{4q}{\pi(D^2 - d^2)} \tag{4-2}$$

2. 单杆活塞式液压缸

图 4-2 所示为单杆活塞式液压缸的工作原理。单杆活塞式液压缸也有缸体固定式和活塞杆固定式两种，它们的工作台移动范围都是活塞有效行程的 2 倍。

单杆活塞式液压缸的活塞两端有效面积不等，如果液压油的压力和流量不变，则推力与进油腔的有效面积成正比，速度与进油腔的有效面积成反比。

如图 4-2a 所示，当无杆腔进油时，若输入流量为 q，液压缸进、出油口的压力分别为 p_1 和 p_2，则液压缸产生的推力 F_1 和速度 v_1 为

$$F_1 = A_1 p_1 - A_2 p_2 = \frac{\pi}{4}\left[D^2(p_1 - p_2) + d^2 p_2\right] \tag{4-3}$$

$$v_1 = \frac{q}{A_1} = \frac{4q}{\pi D^2} \tag{4-4}$$

如图 4-2b 所示，当油液从有杆腔输入时，液压缸产生的推力 F_2 和速度 v_2 为

$$F_2 = A_2 p_1 - A_1 p_2 = \frac{\pi}{4}\left[D^2(p_1 - p_2) - d^2 p_1\right] \tag{4-5}$$

$$v_2 = \frac{q}{A_2} = \frac{4q}{\pi(D^2 - d^2)} \tag{4-6}$$

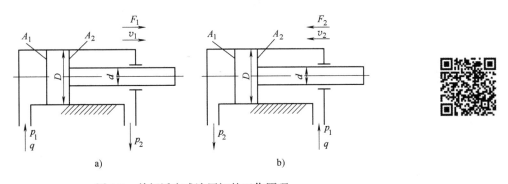

图 4-2　单杆活塞式液压缸的工作原理
a) 油液从无杆腔输入　b) 油液从有杆腔输入

由于 $A_1 > A_2$，所以 $F_1 > F_2$，$v_1 < v_2$，即无杆腔进油工作时，推力大而速度低；有杆腔进油工作时，推力小而速度高。因此，单杆活塞式液压缸常用于一个方向有较大负载但运行速度较低，另一个方向为空载快速退回运动的设备，如各种金属切削机床、压力机、起重机等的液压系统经常使用单杆活塞式液压缸。

液压缸往复运动的速度 v_2、v_1 之比，称为速度比 λ_v，即

$$\lambda_v = \frac{v_2}{v_1} = \frac{D^2}{D^2 - d^2} \tag{4-7}$$

可见，活塞杆直径越小，速度比就越接近于1，液压缸在两个方向上运动速度的差值越小。在已知 D 和 λ_v 的情况下，可较方便地确定 d。

单杆活塞式液压缸差动连接如图4-3所示。当液压缸左右两腔同时通入液压油时，由于无杆腔的有效作用面积大于有杆腔的有效作用面积，使得活塞向右的作用力大于向左的作用力，因此，活塞向右运动，活塞杆向外伸出；同时，又将有杆腔的油液挤出，使其流进无杆腔，从而加快了活塞杆的伸出速度。差动连接时液压缸的推力 F_3 和运动速度 v_3 为

$$F_3 = p_1(A_1 - A_2) = p_1\frac{\pi}{4}d^2 \tag{4-8}$$

$$v_3 = \frac{q_1}{A_1} = \frac{q + q_2}{A_1} = \frac{q + \frac{\pi}{4}(D^2 - d^2)v_3}{\frac{\pi}{4}D^2}$$

即

$$v_3 = \frac{4q}{\pi d^2} \tag{4-9}$$

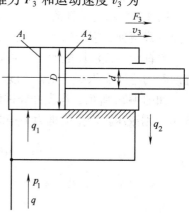

由式（4-8）、式（4-9）可知，液压缸差动连接时的推力比非差动连接时的小，但速度比非差动连接时大，实际生产中经常利用这一点在不加大油液流量的情况下得到比较快的运动速度。

图4-3　单杆活塞式液压缸差动连接

单杆活塞式液压缸常用于实现"快进—工进—快退"工作循环的机械设备中，"快进"由差动连接方式完成，"工进"由无杆腔进油方式完成，而"快退"则由有杆腔进油方式完成。当要求"快进"和"快退"的速度相等时，即使 $v_3 = v_2$，则由式（4-6）、式（4-9）可得

$$D = \sqrt{2}d \tag{4-10}$$

活塞式液压缸的应用非常广泛，但在对加工精度要求很高时，尤其是当行程较长时加工难度较大，制造成本较高。

二、柱塞式液压缸

柱塞式液压缸由缸筒、柱塞、密封圈和端盖等零部件组成。它是一种单作用式液压缸，其工作原理如图4-4a所示。柱塞与工作部件相连接，缸筒固定在机体上。当液压油进入缸筒时，油液推动柱塞带动运动部件移动，但反向退回时必须靠其他外力或自重来驱动。为了实现双向运动，柱塞缸常成对使用，如图4-4b所示。若柱塞的直径为 d，输入油液的流量为 q，压力为 p 时，则柱塞上产生的推力 F 和速度 v 为

$$F = pA = p\frac{\pi}{4}d^2 \tag{4-11}$$

$$v = \frac{q}{A} = \frac{4q}{\pi d^2} \tag{4-12}$$

为了保证柱塞缸有足够的推力和稳定性，柱塞一般都比较粗，重量比较大，所以水平安

装时易产生单边磨损，故柱塞缸适宜于垂直安装。为了减轻柱塞的重量，有时制成空心柱塞。

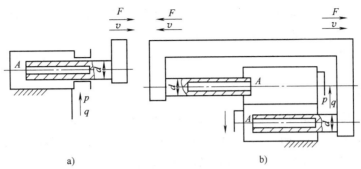

图 4-4　柱塞式液压缸的工作原理

a）单作用式液压缸　b）成对使用的柱塞缸

柱塞式液压缸结构简单，制造方便。由于柱塞和缸筒内壁不接触，因此缸筒内壁不需要精加工，故工艺性较好，成本低，特别适合于工作行程较长的场合。

三、组合式液压缸

1. 增压器

增压器是将输入的低压油转变为高压油，供液压系统中的高压支路使用。增压器有单作用式（见图 4-5a）和双作用式（见图 4-5b）两种。它由有效作用面积为 A_1 的大液压缸和有效作用面积为 A_2 的小液压缸串接组合而成。大缸为原动缸，输入压力为 p_1；小缸为输出缸，输出压力为 p_2。若不计摩擦损失，根据受力平衡关系可得

$$A_1 p_1 = A_2 p_2$$

即

$$p_2 = \frac{A_1}{A_2} p_1 = K p_1 \tag{4-13}$$

式中，$K = A_1 / A_2$，称为增压比，它表征增压器的增压能力。显然，增压能力是在降低有效流量的基础上得到的，增压能力越强，其输出的流量越小。

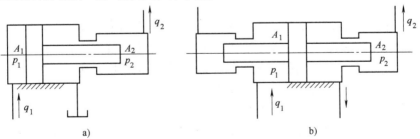

图 4-5　增压器

a）单作用式　b）双作用式

单作用增压器只能间断地输出高压油，即增压器在一个往复行程中只能单向输出高压油。若需连续输出高压油，需采用双作用增压器。双作用增压器相当于两个单作用增压器的

组合，它在一个往复行程中可由两个高压端交替着连续不断地向液压系统中供油。

2. 伸缩缸

伸缩缸又称为多级缸，它由两级或多级活塞式液压缸套装而成，前一级活塞缸的活塞是后一级活塞缸的缸筒，伸出时可获得较长的工作行程。

伸缩缸有单作用式和双作用式两种，图4-6a、b所示分别为单作用式和双作用式伸缩缸的工作原理。

3. 齿条活塞缸

齿条活塞缸由带有齿条杆的双活塞缸和齿轮齿条机构组成，如图4-7所示。当液压油推动活塞左右往复运动时，齿条就推动齿轮往复转动，从而驱动工作部件做周期性的往复转动。齿条活塞缸多用于自动线、组合机床等转位或分度机构中。

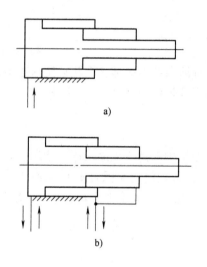

图 4-6 伸缩缸的工作原理

a）单作用式 b）双作用式

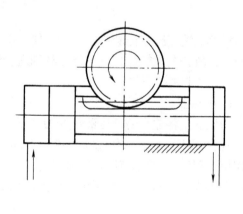

图 4-7 齿条活塞缸

第二节 液压缸的结构

液压缸由后端盖、缸筒、活塞、活塞杆、前端盖等部分组成。为防止油液向外泄漏或由高压腔向低压腔泄漏，在缸筒与端盖、活塞与活塞杆、活塞与缸筒、活塞杆与前端盖之间均设置有密封装置，在前端盖外侧还装有防尘装置；为防止活塞快速移动时撞击缸盖，液压缸端部还设置有缓冲装置；有时还需设置排气装置。

图4-8所示为双作用单杆活塞式液压缸的结构，它由缸底1、缸筒6、缸盖10、活塞4、活塞杆7和导向套8等组成。缸筒一端与缸体焊接在一起，另一端与缸盖采用螺纹联接；活塞与活塞杆采用半环连接。为了保证液压缸的可靠密封，在相应部位设置了密封圈3、5、9、11和防尘圈12。

一、缸体组件

缸体组件与活塞组件构成密封的容腔，承受油压的作用，因此缸体组件要有足够的强度，较高的表面精度和可靠的密封性。常见缸体组件的连接形式如图4-9所示。

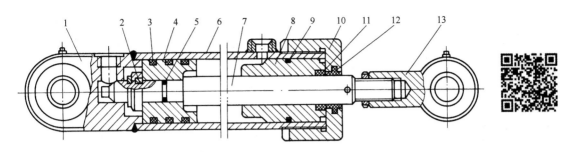

图 4-8 双作用单杆活塞式液压缸的结构

1—缸底 2—半环 3、5、9、11—密封圈 4—活塞 6—缸筒 7—活塞杆
8—导向套 10—缸盖 12—防尘圈 13—耳轴

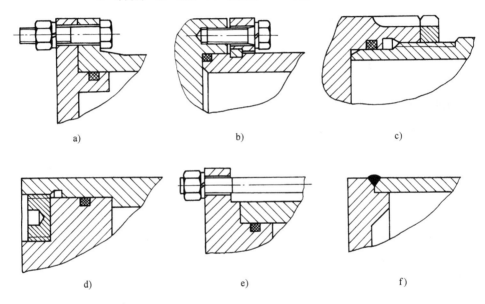

图 4-9 常见缸体组件的连接形式

a）法兰式连接 b）半环式连接 c）外螺纹式连接 d）内螺纹式连接 e）拉杆式连接 f）焊接式连接

（1）法兰式连接 法兰式连接具有结构简单、加工方便、连接可靠等优点，但要求缸筒端部有足够的壁厚，用以安装螺栓或旋入螺钉。缸筒端部一般用铸造、镦粗或焊接等方式制成粗大的外径。法兰式连接是常用的一种连接形式。

（2）半环式连接 半环式连接分为外半环连接和内半环连接两种。半环式连接工艺性好、连接可靠、结构紧凑，但削弱了缸筒的机械强度。半环式连接的应用十分普遍，常用于由无缝钢管制成的缸筒与缸盖之间的连接中。

（3）螺纹式连接 螺纹式连接有外螺纹式和内螺纹式两种，其特点是体积小、重量轻、结构紧凑，但缸筒端部的结构较复杂。这种连接形式一般用于要求外形尺寸小、重量轻的场合。

（4）拉杆式连接 拉杆式连接具有结构简单、工艺性好、通用性强等优点，但缸盖的体积和重量较大，拉杆受力后会拉伸变长，影响密封效果，只适用于长度不大的中、低压液压缸。

（5）焊接式连接 焊接式连接具有机械强度高、制造简单等优点，但焊接时易引起缸筒变形。

二、活塞组件

活塞组件由活塞、活塞杆和连接件等组成。常用的活塞与活塞杆的连接形式有螺纹式和半环式两种，如图 4-10 所示。此外还有整体式和锥销式等结构。

螺纹式连接的结构简单，拆装方便，但需设置螺母防松装置；半环式连接的结构复杂，拆装不便，但连接强度高，工作可靠，适用于高压和振动较大的场合；整体式连接和焊接式连接的结构简单，轴向尺寸紧凑，但损坏后需要进行整体更换，多用于尺寸较小、行程较短的场合；锥销式连接加工容易，装配简单，但承载能力小，且需要有必要的防脱落装置，适用于轻载的场合。

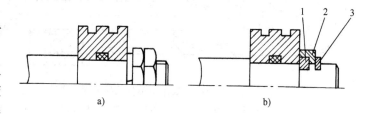

图 4-10 常用的活塞与活塞杆的连接形式
a）螺纹式连接 b）半环式连接
1—半环 2—套环 3—弹簧挡圈

三、缓冲装置

当液压缸所驱动的工作部件质量较大、速度较高时，一般应在液压缸中设置缓冲装置，必要时还需要在液压系统中设置缓冲回路，以避免在行程终端使活塞与缸盖发生撞击，造成液压冲击和噪声。虽然液压缸中的缓冲装置有多种结构形式，但是它们的工作原理都是相同的，即当活塞行程到终端而接近缸盖时，增大液压缸的回油阻力，使回油腔中产生足够大的缓冲压力，使活塞减速，从而防止活塞撞击缸盖。液压缸中常见的缓冲装置如图 4-11 所示。

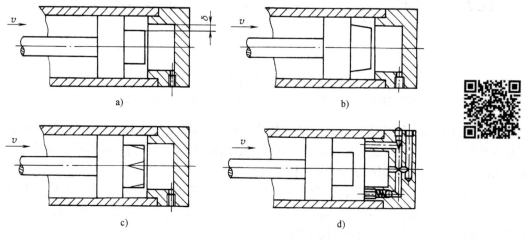

图 4-11 液压缸中常见的缓冲装置
a）圆柱形环隙式 b）圆锥形环隙式 c）可变节流槽式 d）可调节流孔式

图 4-11a 所示为圆柱形环隙式缓冲装置，当缓冲柱塞进入缸盖上的内孔时，缸盖和缓冲柱塞间形成缓冲油腔，被封闭在缓冲油腔中的油液只能从环形间隙 δ 中排出，产生缓冲压力，从而实现减速缓冲。这种装置在缓冲过程中，由于其节流面积不变，故缓冲过程中其缓冲制动力将逐渐减小，缓冲效果较差。

图 4-11b 所示为圆锥形环隙式缓冲装置,由于缓冲柱塞为圆锥形,所以环形间隙随位移的变化而变化,即节流面积随缓冲行程的增大而缩小,对机械能的吸收较均匀,缓冲效果较好。

图 4-11c 所示为可变节流槽式缓冲装置,在缓冲柱塞上开有由浅入深的三角节流槽,节流面积随着缓冲行程的增大而逐渐减小,缓冲压力变化平缓。

图 4-11d 所示为可调节流孔式缓冲装置,在缓冲过程中,缓冲腔油液经小孔节流排出,调节节流孔的大小,可控制缓冲腔内缓冲压力的大小,以适应液压缸不同负载和速度工况下对缓冲的要求。当活塞反向起动时,高压油从单向阀进入液压缸,因此不会产生推力不足而使起动缓慢或困难等现象。

四、排气装置

液压传动系统中往往会混入空气,使系统工作不稳定,产生振动、爬行或前冲等现象,严重时会使系统不能正常工作。因此,在设计液压缸时必须考虑空气的排除。

对于要求不高的液压缸,往往不设置专门的排气装置,而是将油口布置在缸筒两端的最高处,这样也能使空气随油液排往油箱,再从油箱溢出。对于速度稳定性要求较高的液压缸和大型液压缸,常在液压缸的最高处设置专门的排气装置,如排气塞、排气阀等。当松开排气塞或排气阀的锁紧螺钉后,让液压缸低压往复运动几次,带有气泡的油液就会排出;空气排完后再拧紧螺钉,液压缸便可正常工作了。

第三节　液压缸的设计

一般来说,液压缸都是标准件,但有时也需要自行设计。本节主要介绍液压缸主要尺寸的计算及对其强度、刚度的校核方法。

一、液压缸主要尺寸的计算

液压缸的缸筒内径 D 和活塞杆直径 d,可根据最大总负载和选取的工作压力来确定。对单杆活塞式液压缸而言,无杆腔进油时由式 (4-3) 可得缸筒内径 D 为

$$D = \sqrt{\frac{4F_1}{\pi(p_1 - p_2)} - \frac{d^2 p_2}{p_1 - p_2}} \tag{4-14}$$

有杆腔进油时由式(4-5)可得缸筒内径 D 为

$$D = \sqrt{\frac{4F_2}{\pi(p_1 - p_2)} + \frac{d^2 p_1}{p_1 - p_2}} \tag{4-15}$$

一般情况下,常初步选取回油背压 $p_2 = 0$,这时,上面两式可简化为

无杆腔进油时

$$D = \sqrt{\frac{4F_1}{\pi p_1}} \tag{4-16}$$

有杆腔进油时

$$D = \sqrt{\frac{4F_2}{\pi p_1} + d^2} \tag{4-17}$$

式 (4-17) 中活塞杆的直径 d 可根据工作压力选取,见表 4-1。

表 4-1 液压缸工作压力与活塞杆直径

液压缸工作压力 p/MPa	≤ 5	$5 \sim 7$	>7
推荐活塞杆直径 d/mm	$(0.5 \sim 0.55)D$	$(0.6 \sim 0.7)D$	$0.7D$

注：D 为液压缸的缸筒内径。

当对液压缸往复运动的速度比有一定要求时，由式（4-7）可得活塞杆的直径 d 为

$$d = D\sqrt{\frac{\lambda_v - 1}{\lambda_v}} \qquad (4\text{-}18)$$

液压缸往复运动的速度比推荐值见表 4-2。

表 4-2 液压缸往复运动的速度比推荐值

工作压力 p/MPa	≤ 10	$10 \sim 20$	>20
往复速比 λ_v	1.33	$1.46 \sim 2$	2

通过计算所得的液压缸的缸筒内径 D 和活塞杆直径 d 应圆整为标准系列，参见《液压工程手册》。

液压缸的缸筒长度由活塞最大行程、活塞长度、活塞杆导向套长度、活塞杆密封长度和有特殊要求的其他部件的长度确定。其中活塞长度为 $(0.6 \sim 1.0)D$，导向套长度为 $(0.6 \sim 1.5)d$。为减少加工难度，一般液压缸缸筒的长度应不大于内径的 $20 \sim 30$ 倍。

二、液压缸的校核

液压缸的校核主要有强度校核和稳定性校核。在高压系统中，对液压缸的缸筒壁厚 δ、活塞杆直径 d 和缸盖处固定螺钉的直径，必须进行校核。在中、低压液压系统中缸筒壁厚往往由结构工艺要求决定，一般不要求进行校核。当活塞杆受轴向压缩负载，其压力值超过某一临界值时，就会失去稳定性，因此，必须进行活塞杆稳定性校核。

1. 缸筒壁厚 δ 的验算

中、高压液压缸一般用无缝钢管作缸筒，且大多属于薄壁筒，即 $\delta/D \leq 0.08$，此时，可根据材料力学中薄壁圆筒的计算公式来验算缸筒的壁厚，即

$$\delta \geq \frac{p_{\max}D}{2[\sigma]} \qquad (4\text{-}19)$$

当液压缸采用铸造缸筒时，其壁厚应由铸造工艺确定，这时可按厚壁圆筒公式来验算。当 $\delta/D = 0.08 \sim 0.3$ 时，可用下式校核缸筒的壁厚，即

$$\delta \geq \frac{p_{\max}D}{2.3[\sigma] - 3p_{\max}} \qquad (4\text{-}20)$$

当 $\delta/D = 0.3$ 时，可用下式校核缸筒的壁厚，即

$$\delta \geq \frac{D}{2}\left(\sqrt{\frac{[\sigma] + 0.4p_{\max}}{[\sigma] - 1.3p_{\max}}} - 1\right) \qquad (4\text{-}21)$$

式中　D——缸筒内径（mm）；

　　　$p_{\max}$——缸筒内的最高工作压力（Pa）；

　　　$[\sigma]$——缸筒材料的许用应力。

2. 液压缸稳定性的验算

只有当液压缸的长度 $l \geqslant 10d$ 时，才进行液压缸纵向稳定性的验算。验算方法可按材料力学有关公式进行。

第四节　液压缸常见的故障及排除方法

液压缸常见的故障及排除方法见表4-3。

表4-3　液压缸常见的故障及排除方法

故障现象	产 生 原 因	排 除 方 法
爬行	①液压缸内有空气混入 ②运动密封件装配过紧 ③活塞杆与活塞不同轴,活塞杆不直 ④导向套与缸筒不同轴 ⑤液压缸安装不良,其中心线与导轨不平行 ⑥缸筒内壁锈蚀、拉毛 ⑦活塞杆两端螺母拧得过紧,使其同轴度降低 ⑧活塞杆刚性差	①设置排气装置或开动系统强迫排气 ②调整密封圈,使其松紧适当 ③校正、修正或更换 ④修正调整 ⑤重新安装 ⑥去除锈蚀、毛刺或重新镗缸 ⑦略松螺母,使活塞杆处于自然状态 ⑧加大活塞杆直径
冲击	①缓冲间隙过大 ②缓冲装置中的单向阀失灵	①减小缓冲间隙 ②修理单向阀
推力不足或工作速度下降	①缸体和活塞间的配合间隙过大,或密封件损坏,造成内泄漏 ②缸体和活塞的配合间隙过小,密封过紧,运动阻力大 ③缸盖与活塞杆密封压的太紧或活塞杆弯曲,使摩擦阻力增加 ④油温太高,黏度降低,泄漏增加,使缸速降低 ⑤液压油中杂质过多,使活塞或活塞杆卡死	①修理或更换不合精度要求的零件,重新装配、调整或更换密封件 ②增加密封间隙,调整密封件的压紧程度 ③调整密封件的压紧程度,校直活塞杆 ④检查温升原因,采取散热措施,改进密封结构 ⑤清洗液压系统,更换液压油
外泄漏	①活塞杆表面损伤或密封件损坏造成活塞杆处密封不严 ②密封件方向装反 ③缸盖处密封不良,缸盖螺钉未拧紧	①检查并修复活塞杆,更换密封件 ②更正密封件方向 ③检查并修理密封件,拧紧螺钉

复习思考题

1. 活塞式液压缸有几种结构形式? 各有何特点? 它们分别用在什么场合?

2. 以单杆活塞式液压缸为例,说明液压缸的一般结构形式。

3. 液压缸的哪些部位需要密封,常用的密封方法有哪些?

4. 液压缸如何实现排气?

5. 液压缸如何实现缓冲?

6. 已知单杆活塞式液压缸的内径 $D=50\mathrm{mm}$，活塞杆的直径 $d=35\mathrm{mm}$，泵的流量为 $\frac{4}{3} \times 10^{-1}\mathrm{L/s}$。试求:

(1) 液压缸差动连接时的运动速度。

(2) 若液压缸在差动阶段所能克服的外负载为 $F=1000\mathrm{N}$，无杆腔内油液的压力该有多大（不计管路压力损失)?

7. 如图 4-12 所示,两个结构相同的液压缸相互串联,无杆腔的面积 $A_1 = 100 \times 10^{-4} m^2$,有杆腔的面积 $A_2 = 80 \times 10^{-4} m^2$,液压缸 1 输入压力 $p_1 = 9MPa$,输入流量 $q_1 = 0.2L/s$,不计损失和泄漏,试求:

(1) 当两个液压缸承受相同负载($F_1 = F_2$)时,该负载的数值及两液压缸的运动速度。

(2) 液压缸 2 的输入压力是液压缸 1 的 $1/2(p_2 = 0.5p_1)$ 时,两液压缸各能承受的负载有多大?

(3) 液压缸 1 不承受负载($F_1 = 0$)时,液压缸 2 所能承受的负载是多少?

8. 如图 4-13 所示的增压缸,设活塞的直径 $D = 60mm$,活塞杆的直径 $d = 20mm$,当输入压力 $p_1 = 50 \times 10^5 Pa$ 时,试求输出压力 p_2。

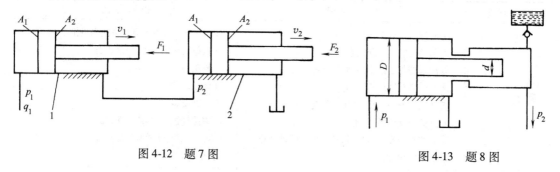

图 4-12　题 7 图　　　　　　　　　　　　　　图 4-13　题 8 图

9. 如图 4-14 所示,三个液压缸的缸筒和活塞直径都是 D 和 d,当输入流量都是 q 时,试说明各液压缸的运动速度、移动方向和活塞杆的受力情况。

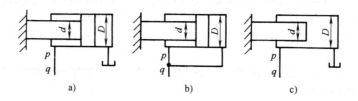

图 4-14　题 9 图

第五章

液压控制阀

第一节 概 述

液压控制阀在液压系统中被用来控制液流的压力、流量和方向，从而对执行元件的起动、停止、运动方向、速度、动作顺序和克服负载的能力进行调节与控制。

一、液压阀的基本结构与原理

所有液压阀都是由阀体、阀芯和驱动阀芯动作的元件组成的。阀体上除有与阀芯配合的阀体孔或阀座孔外，还有外接油管的进出油口；阀芯的主要形式有滑阀、锥阀和球阀；驱动装置可以是手调机构，也可以是弹簧、电磁或液压力。液压阀正是利用阀芯在阀体内的相对运动来控制阀口的通断及开口大小，来实现压力、流量和方向控制的。液压阀的开口大小、进出口间的压力差以及通过阀的流量之间的关系都符合孔口流量公式，只是各种阀控制的参数各不相同。

二、液压阀的分类

1. 按结构型式划分

（1）滑阀 滑阀的阀芯为圆柱形，阀芯上有台肩；与进出油口对应的阀体上开有沉割槽，一般为全圆周；阀芯在阀体孔内做相对运动，开启或关闭阀口。

（2）锥阀 锥阀阀芯的半锥角一般为 $12°\sim20°$。阀口关闭时为线密封，不仅密封性好，而且开启阀口时无死区，阀芯稍有位移即开启，动作很灵敏。

（3）球阀 球阀的性能与锥阀相同。

2. 按机能划分

液压阀可分为方向控制阀、压力控制阀和流量控制阀。压力控制阀是用来控制或调节液压系统液流压力以及利用压力作为信号控制其他元件动作的阀，如溢流阀、减压阀、顺序阀等。流量控制阀是用来控制或调节液压系统液流流量的，如节流阀、调速阀（稳流节流阀）、二通比例流量阀、溢流节流阀等。方向控制阀是用来控制和改变液压系统中液流方向的，如单向阀、液控单向换向阀等。

3. 按控制原理划分

液压阀可分为开关阀、比例阀、伺服阀和数字阀。开关阀是指被控制量为定值或阀口启闭控制液流通路的阀类，包括普通控制阀、插装阀、叠加阀。本章将重点介绍这一使用最为普遍的阀类。比例阀和伺服阀能根据输入信号连续或按比例地控制系统的参数，数字阀则用数字信息直接控制阀的动作。

4. 按安装连接形式划分

（1）管式连接 阀体进出油口由螺纹或法兰直接与油管连接，安装方式简单，但元件布置较为分散，对这种连接的装卸与维修不太方便。

（2）板式连接　阀体进出油口通过连接板与油管连接或安装在集成块侧面并通过集成块沟通阀与阀之间的油路，并外接液压泵、液压缸、油箱。这种连接形式的元件布置得较为集中，对其操纵、调整、维修都比较方便；而且，拆卸时无须拆卸与之相连接的其他元件，故这种安装连接方式应用较广。

（3）叠加式连接　阀的上、下面均为安装面，阀的进出油口分别设置在这两个安装面上。使用时，相同通径、功能各异的阀通过螺栓串联叠加的方式安装在底板上，对外连接的进出油口由底板引出，因为无须用管道连接，故结构紧凑，压力损失很小。

（4）插装式连接　这类阀无单独的阀体，由阀芯、阀套等组成的单元体被插装在插装块体的预制孔中，用联接螺栓或盖板固定，并通过块内通道把各插装式阀连通后组成回路，使插装块体起到阀体和管路的作用。它是适应液压系统集成化而发展起来的一种新型安装连接方式。

三、液压阀的性能参数

液压阀的性能参数是对其进行评价和选用的依据。它反映了液压阀的规格大小和工作特性。液压阀的规格大小用通径表示，其主要性能参数还有额定压力和额定流量。

1. 公称尺寸和额定流量

阀的规格大小用通径尺寸来表示。公称通径表征阀通流能力的大小，其应与阀进、出油口连接油管的规格一致。DN 是阀进、出油口的名义尺寸，它和实际尺寸不一定相等。公称通径对应于阀的额定流量，阀工作时的实际流量应小于或等于它的额定流量，最大不得超过额定流量的 1.1 倍。

2. 额定压力

液压阀连续工作所允许的最高压力称为额定压力。压力控制阀的实际最高压力有时与阀的调压范围有关。对于不同类型的阀，还用不同的参数来表征其不同的工作性能，如压力、流量限制值，以及压力损失、开启压力、允许背压、最小稳定流量等。

第二节　方向控制阀

方向控制阀是用来控制液压系统中油液流动的方向或液流的接通与关断的，它包括单向阀和换向阀两类。

一、单向阀

1. 普通单向阀

普通单向阀是一种只允许液流沿一个方向通过，而反向液流被截止的方向阀，按进出油液流向的不同可分为直通式和直角式两种结构，如图5-1所示。

单向阀要求正向液流通过时压力损失小，反向截止时密封性能好。因此，单向阀中的弹簧仅用于使阀芯在阀座上就位，刚度较小，开启压力为 0.04～0.1MPa；当背压阀使用时可更换硬弹簧使其开启压力达到 0.2～0.6MPa。单向阀常安装在泵的出口，一方面可防止系统的压力冲击影响泵的正常工作，另一方面在泵不工作时又可以防止系统的油液倒流回油箱。单向阀还被用来分隔油路以防止干扰，或与其他阀并联组成复合阀，如单向减压阀、单向节流阀等。

2. 液控单向阀

液控单向阀是一种通入控制液压油后即允许油液双向流动的单向阀。它由单向阀和液控装置两部分组成，如图5-2所示。当控制口 X 未通入液压油时，其作用与普通单向阀相同，正向流通，反向截止。当控制口 X 通入液压油后，控制活塞1把单向阀的锥形阀芯顶离阀座，油液正反向均可流动。根据液控单向阀控制活塞右腔的泄油方式不同，其可分为内泄式和外泄式，前者泄油时需要通过单向阀的进油口 A，后者直接引回油箱。为减小单向阀的控制压力值，图5-2b 所示结构在单向阀阀芯内装有卸载小阀芯2；控制活塞1右行时先顶开小阀芯2使主油路卸压，然后再顶开单向阀阀芯，其控制压力仅为工作压力的4.5%，对于没有卸载小阀芯的液控单向阀，其控制压力为工作压力的40%～50%。控制液压油油口不工作时，应使其通回油箱，否则控制活塞难以复位，单向阀反向不能截止液流。液控单向阀具有良好的反向密封性能，常用于保压、锁紧和平衡回路。

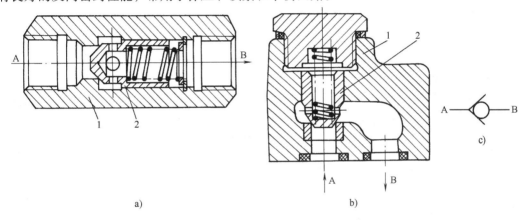

图5-1　单向阀
a）直通式（管式）　b）直角式（板式）　c）图形符号
1—阀体　2—阀芯

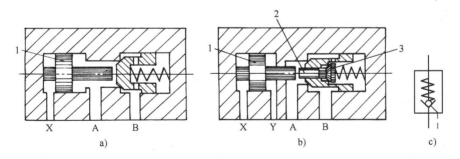

图5-2　液控单向阀
a）内泄式　b）外泄式　c）图形符号
1—控制活塞　2—卸载小阀芯　3—顶杆

二、换向阀

1. 换向阀的工作原理

　　换向阀的作用是变换阀芯在阀体内的相对工作位置，使阀体各油口连通或断开，从而控制执行元件的换向或启停。换向阀的工作原理如图5-3所示，液压缸两腔不通液压油，处于停机状态。若使换向阀的阀芯1左移，阀体2上的油口P和A连通、B和T连通，液压油经P、A进入液压缸左腔，活塞右移，右腔油液经B、T回油箱。反之，若使阀芯右移，则P和B连通，A和T连通，活塞便左移。

2. 换向阀的分类

换向阀按结构类型可分为滑阀式、转阀式和球阀式；按阀体连通的主油路数可分为二通、三通、四通等；按阀芯在阀体内的工作位置可分为二位、三位、四位等；按操作阀芯运动的方式可分为手动、机动、电磁动、液动、电液动等；按阀芯的定位方式可分为钢球定位和弹簧复位两种。其中，滑阀式换向阀在液压系统应用广泛，因此本节主要介绍滑阀式换向阀。

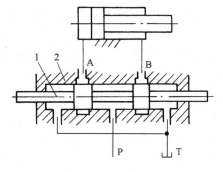

图 5-3　换向阀的工作原理
1—阀芯　2—阀体

3. 三位换向阀的中位机能

三位阀常态位（即中位）各油口的连通方式称为中位机能。中位机能不同的三位换向阀处于中位时对系统的控制性能也不相同。对于三位四通阀，其五种常用的中位机能见表5-1。另外，还有J、C、K等多种型式中位机能。

表 5-1　三位四通阀的中位机能

型式	结构原理	中位符号	中位油口状况和特点	其他机能符号示例
O		A B P T	回油口全封，执行元件闭锁，泵不卸荷	J
H		A B P T	回油口全通，执行元件浮动，泵卸荷	C X
Y		A B P T	P口封闭，A、B、T口相通，执行元件浮动，泵不卸荷	U N
P		A B P T	T口封闭，P、A、B口相通，单杆缸差动，泵不卸荷	K OP
M		A B P T	P、T口相通，A、B口封闭，执行元件闭锁，泵卸荷	MP

对中位机能的选用应从执行元件的换向平稳性要求、换向位置精度要求、重新起动时能否允许有冲击、是否需要卸荷和保压等方面加以考虑。例如：O 型油口全封，执行元件可在任意位置上被锁住，换向位置精度高，但因运动部件惯性引起的换向冲击较大；重新起动时因两腔充满油液，故起动平稳；泵不能卸荷，但系统能保持压力。H 型油口全通，换向平稳，但冲出量大，换向位置精度低；执行元件浮动，重新起动时有冲击；泵卸荷，系统不能保压。其余型式的性能依此类推。

4. 滑阀式换向阀的操作方式

滑阀式换向阀的操作方式包括手动、机动、电磁动、液动和电液动等。

（1）手动（机动）换向阀　手动换向阀阀芯的运动是借助人力来实现的；机动换向阀则通过安装在液压设备运动部件上的撞块或凸轮推动阀芯，它们的共同特点是工作可靠。机动换向阀通常是弹簧复位式的二位阀，它的结构简单，换向位置精度高。图 5-4 所示为三位四通手动换向阀的结构和图形符号，其中图 5-4a 为弹簧钢球定位式，图 5-4b 为弹簧自动复位式。如果将多个手动换向阀进行叠加组合，那么就能构成多路换向阀。

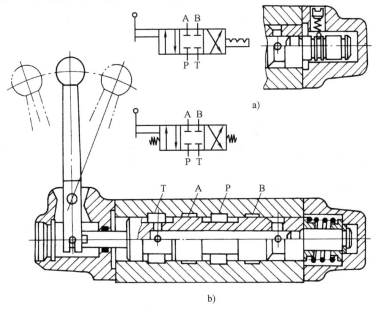

图 5-4　三位四通手动换向阀
a）弹簧钢球定位式　b）弹簧自动复位式

（2）电磁换向阀　图 5-5 所示为二位三通电磁换向阀，阀体左端安装的电磁铁可以通入直流电或交流电。在电磁铁不通电时，阀芯在右端弹簧力的作用下处于左极端位置（常位），油口 P 与 A 连通，不与 B 相通。若电磁铁得电产生一个向右的电磁力，该力通过推杆推动阀芯右移，则油口 P 与 B 连通，与 A 不相通。二位电磁换向滑阀除有弹簧复位方式外，还有阀体两端均安装电磁铁的钢球定位方式，其左端（右端）电磁铁得电推动阀芯向右（左）运动，到达相应位置后电磁铁失电，由钢球定位于左位（右位）而进入工作状态。如果将两端电磁铁与弹簧对中机构组合，又可组成三位电磁换向阀，电磁铁得电分别为左、右位，不得电为中位（常位）。因电磁力有限，电磁换向阀的最大通流量小于 100L/min，若通流量较大或要求换向可靠、冲击小，则选用液动换向阀或电液动换向阀。

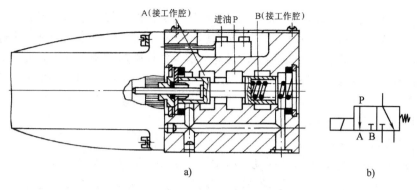

图 5-5　二位三通电磁换向阀

a) 基本结构　b) 图形符号

（3）液动换向阀　电磁阀布置灵活，易于实现自动化，但电磁铁的吸力有限，难于切换大的流量。当阀的公称尺寸大于 10mm 时，常用液压油操纵阀芯进行换位，即液动阀。利用液动换向阀进行阀芯换位时需要利用另一个小换向阀来改变液压油的流向，故经常与其他控制方式的换向阀结合使用。对液动阀液压油实行换向的可以是手动阀、机动阀或电磁阀。因此液动换向阀的工作原理和电液换向阀相似。

（4）电液换向阀　电液换向阀由电磁换向阀和液动换向阀组合而成。其中，液动换向

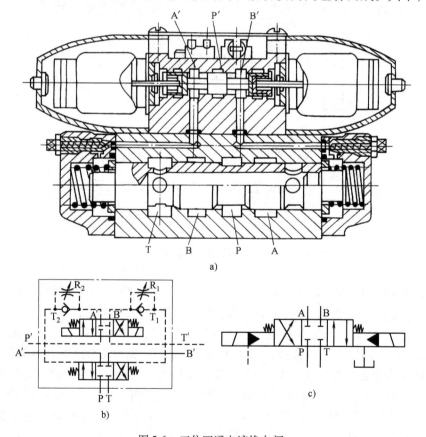

图 5-6　三位四通电液换向阀

a) 基本结构　b) 图形符号　c) 简化图形符号

阀实现主油路的换向，称为主阀；电磁换向阀改变液动换向阀的控制油路的方向，称为先导阀。如图 5-6 所示，当电磁先导阀的电磁铁不通电时，先导阀处于中位，液动主阀芯两端油室同时通回油箱，阀芯在两端对中弹簧的作用下亦处于中位。若电磁先导阀右端电磁铁得电处于右位工作时，控制液压油 P′ 将经过电磁先导阀右位至油口 B′，然后经单向阀 T_1 进入液动主阀芯的右端，而左端油液则经过阻尼 R_2、电磁先导阀油口 A′ 回油箱，于是液动主阀芯向左移，阀在右位工作，主油路的 P 与 B 连通、A 与 T 连通。反之，电磁先导阀左端电磁铁得电，液动主阀则在左位工作，主油路 P 与 A 连通、B 与 T 连通。

下面对电液换向阀的一些控制机构作如下介绍：

1）阻尼调节器，又称为换向时间调节器，它是叠加式单向节流阀，可叠放在先导阀与主阀之间。如图 5-6 所示，左电磁铁通电后，控制油通过左单向阀通入主阀芯左控制腔。右控制腔回油需经右节流阀通过先导阀回油箱。调节节流阀开口，即可调节主阀换向时间，从而消除执行元件的换向冲击。

2）预压阀：对于以内控方式实现供油的电液换向阀，若在常态位下使泵卸荷（具有 M、H、K 等中位机能），为克服阀在通电后

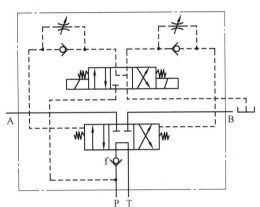

图 5-7　装有预压阀的电液换向阀

因无控制油压而使主阀不能动作的缺陷，常在主阀的进油孔中插装一个预压阀（即一具有硬弹簧的单向阀），使在卸荷状态下仍有一定的控制油压，足以操纵主阀芯换向。如图 5-7 所示，安装在进油口 P 内的阀 f 即为预压阀。

第三节　压力控制阀

通过控制油液压力高低或利用压力变化来实现某种动作的阀通称为压力控制阀。常见的压力控制阀按功用可分为溢流阀、减压阀、顺序阀和压力继电器等。

一、溢流阀

1. 结构原理

溢流阀按结构型式可分为直动型和先导型。它旁接在液压泵的出口，保证系统压力恒定或限制其最高压力；有时也旁接在执行元件的进口，对执行元件起安全保护作用。

（1）直动型溢流阀　图 5-8 所示为锥阀式直动型溢流阀，当进油口 P 从系统接入的油液压力不高时，锥阀芯 2 被弹簧 3 紧压在阀体 1 的孔口上，阀口关闭。当进口油压升高到能克服弹簧阻力时，便推开锥阀芯使阀口打开，油液就由进油口 P 流入，再从回油口 T 流回油箱，进油压力也就不会继续升高。拧动调压螺钉 4 改变弹簧预压缩量，便可调整溢流阀的溢流压力。这种溢流阀因液压油直接作用于阀芯，故称为直动型溢流阀。直动型溢流阀一般只能用于低压小流量处，因控制较高压力或较大流量时，需要安装刚度较大的硬弹簧，不但手动调节困难，而且阀口开度略有变化便引起较大的压力波动，不能稳定。系统压力较高时就需要采用先导型溢流阀。

（2）先导型溢流阀　先导型溢流阀的常见结构如图5-9所示。它由先导阀和主阀两部分组成。图5-9所示为三级同心结构，即主阀芯的大直径与阀体孔、锥面与阀座孔、上端直径与阀盖孔三处同心。图示位置主阀芯及先导锥阀均被弹簧压靠在阀座上，阀口处于关闭状态。主阀进油口 P 接泵的来油后，液压油进入主阀芯大直径下腔，经阻尼孔 5 引至主阀芯上腔和先导锥阀 1 前腔，对先导阀芯形成一个液压力。若液压力小于先导阀芯左端调压弹簧 9 的弹簧力时，先导阀关闭，主阀内腔为密闭静止容腔，主阀芯上下两腔压力相等，在两腔的液压力差及主阀弹簧力的共同作用下，主阀芯被压紧在阀座上，主阀口关闭。随着溢流阀进口处压力的增大，作用在先导阀上的压力也随之增大，液压力逐渐克服弹簧力，使先导阀芯左移，阀口开启，于是溢流阀的进口液压油经阻尼孔、先导阀阀口溢流回油箱，因为阻尼孔产生的阻尼作用，主阀上腔压力（即先导阀前腔压力）将低于下腔压力（即主阀进口压力），使主阀芯产生压力差，在压力差的作用下克服主阀弹簧力推动阀芯上移，主阀阀口开启，溢流阀进口处的液压油经主阀阀口溢流回油箱。主阀阀口开度一定时，先导阀阀芯和主阀阀芯分别处于受力平衡状态下，主阀进口压力为一确定值。

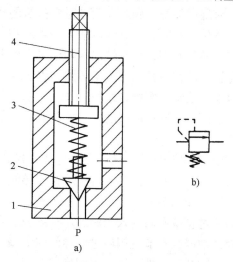

图5-8　锥阀式直动型溢流阀
a）基本结构　b）图形符号
1—阀体　2—锥阀芯　3—弹簧　4—高压螺钉

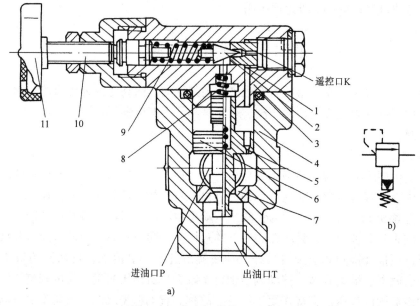

进油口P　　出油口T
a）

图5-9　三级同心结构的先导型溢流阀
a）基本结构　b）图形符号
1—先导锥阀　2—先导阀座　3—阀盖　4—阀体　5—阻尼孔　6—主阀芯
7—主阀座　8—主阀弹簧　9—调压弹簧　10—调节螺钉　11—调节手轮

根据液流连续性原理，流经阻尼孔的流量即为流出先导阀的流量。这一部分流量通常称为泄油量。因为阻尼孔很小，所以泄油量只占全溢流量的极小的一部分，绝大部分油液均经主阀口溢回油箱。在先导型溢流阀中，先导阀的作用是控制和调节溢流压力，只通过泄油，由于其阀口直径很小，所以即使在较高压力的情况下，作用在锥阀芯上的液压推力也不很大，因此调压弹簧的刚度不必很大，压力调整也就比较轻便。可见主阀芯的运动主要由压差控制，主阀弹簧只是刚度很小的复位弹簧，当溢流量变化而引起弹簧压缩量变化时，对进油口的压力影响并不大。故先导型溢流阀调节压力较大，稳压性能优于直动型溢流阀，但其灵敏度要低于直动型阀。

2. 溢流阀的应用

（1）溢流稳压　在定量泵液压系统中，溢流阀通常接在泵的出口处，与去系统的油路并联，如图 5-10 所示。泵供油的一部分按速度要求由流量控制阀 2 调节流往系统的执行元件，多余油液通过被推开的溢流阀 1 流回油箱，而在溢流的同时稳定了泵的供油压力。

（2）过载保护　如图 5-11 所示，执行元件的速度由变量泵自身调节，不需要溢流；泵的供油压力可随负载变化，也不需要进行稳压。但是，在变量泵出口处常接一个溢流阀，其调定压力约为系统最大工作压力的 1.1 倍；该液压系统一旦过载，溢流阀立即打开，从而保证了系统的安全。故此系统中的溢流阀又称为安全阀。

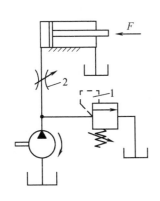

图 5-10　溢流阀用于溢流稳压

1—溢流阀　2—流量控制阀

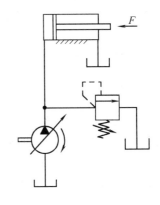

图 5-11　溢流阀用于过载保护

（3）远程调压　如图 5-12 所示，远程调压阀实际上是一个独立的直动型溢流阀，将其旁接在先导型溢流阀 2 的远程调压口，则与主溢流阀的先导阀并联于主阀芯的上腔，即主阀上腔的液压油同时作用在远程调压阀 1 和先导型溢流阀 2 的阀芯上。实际使用时，主溢流阀安装在最靠近液压泵的出口，而远程调压阀 1 则安装在操作台上，远程调压阀 1 的调定压力（弹簧预压缩量）低于先导型溢流阀 2 的调定压力。于是远程调压阀 1 起调压作用，先导型溢流阀 2 起安全作用。无论是远程调压阀起作用，还是先导型溢流阀起作用，溢流流量始终经主阀阀口回油箱。

（4）使泵卸荷　如图 5-13 所示，先导型溢流阀对泵起溢流稳压作用。当二位二通阀的电磁铁通电后，溢流阀的外控口接油箱，此时主阀芯后腔压力接近于 0，主阀芯便移动到最大开口位置。由于主阀弹簧很软，进口压力很低，泵输出的油便在此低压下经溢流阀流回油箱。此时，泵接近于空载运转，功耗很小，即处于卸荷状态。这种卸荷方法所用的二位二通阀可以是通径很小的阀。由于在实用中经常采用这种卸荷方法，为此常将溢流阀和串接在该阀外控口的电磁换向阀组合成一个元件，称为电磁溢流阀。

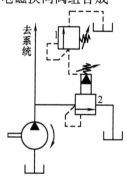

图 5-12　溢流阀用于远程调压

1—远程调压阀

2—先导型溢流阀

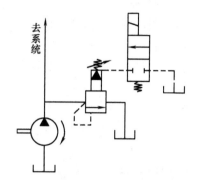

图 5-13　溢流阀用于使泵卸荷

3. 溢流阀的静态特性

溢流阀是液压系统中极其重要的控制元件，其特性对系统的工作性能影响很大。所谓静态特性，是指元件或系统在稳定工作状态下的性能。溢流阀的静态特性指标很多，主要是指压力-流量特性。

在溢流阀调压弹簧的预压缩量调定之后，溢流阀的开启压力 p_k 即已确定，阀口开启后溢流阀的进口压力随溢流量的增加而略有升高；当流量为额定值时，压力 p_s 最高，随着流量减少阀口则反向趋于关闭，阀的进口压力降低，阀口关闭时的压力为 p_b，因摩擦力的方向不同，$p_b < p_k$。溢流阀的进口压力随流量变化而波动的性能称为压力-流量特性，如图

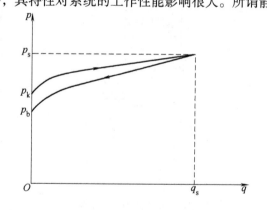

图 5-14　溢流阀压力-流量特性

5-14 所示。压力-流量特性的好坏用调压偏差 $(p_s - p_k)$、$(p_s - p_b)$ 或开启压力比 $n_k = p_k/p_s$、闭合压力比 $n_b = p_b/p_s$ 评价。显然，调压偏差应小些，n_k、n_b 应大些，一般先导型溢流阀的 $n_k = 0.9 \sim 0.95$。

二、顺序阀

顺序阀是利用液压系统中的压力变化来控制油路的通断，从而实现多个液压元件按一定的顺序动作。顺序阀按结构分为直动型和先导型；按控制液压油来源又有内控式和外控式之分。

1. 顺序阀的基本结构和工作原理

图 5-15 所示为一种直动型顺序阀的基本结构。它的工作原理是：液压油由进油口 A 经阀体 4 和下盖 7 的小孔流到控制活塞 6 的下方，使阀芯 5 受到一个向上的推力作用。当进口油压较低时，阀芯 5 在弹簧 2 的作用下处于下部位置，这时进、出油口 A、B 不通。当进口

油压增大到预调的数值以后，阀芯 5 底部受到的推力大于弹簧力,阀芯 5 上移,进出油口连通,液压油就从顺序阀流过。顺序阀的开启压力可以用调压螺钉 1 来调节。在此阀中,控制活塞的直径很小,因而阀芯 5 受到的向上推力不大,所用的平衡弹簧就不需太硬,这样,可以使阀在较高的压力下工作。

在顺序阀结构中,当控制液压油直接引自进油口时,这种控制方式称为内控;若控制液压油不是来自进油口,而是从外部油路引入,这种控制方式则称为外控;当阀的泄油从泄油口流回油箱时,这种泄油方式称为外泄;当阀用于出口接油箱的场合,泄油可经内部通道进入阀的出油口,以简化管路连接,这种泄油方式则称为内泄。顺序阀的四种不同控制、泄油方式的图形符号如图 5-16 所示。实际应用中,不同的控制、泄油方式可通过变换阀的下盖或上盖的安装方位来获得。

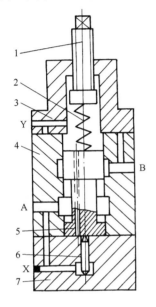

图 5-15 直动型顺序阀的基本结构
1—调压螺钉 2—弹簧 3—上盖 4—阀体
5—阀芯 6—控制活塞 7—下盖

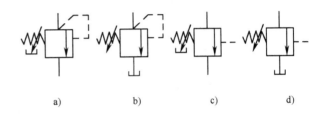

图 5-16 顺序阀的四种控制、泄油方式
a) 内控外泄 b) 内控内泄
c) 外控外泄 d) 外控内泄

现将顺序阀的特点归纳如下:

1) 内控外泄顺序阀与溢流阀的相同点是阀口常闭,由进口压力控制阀口的开启。它们之间的区别是内控外泄顺序阀靠出口液压油来工作,当因负载建立的出口压力高于阀的调定压力时,阀的进口压力等于出口压力,作用在阀芯上的液压力大于弹簧力和液动力,阀口全开;当负载所建立的出口压力低于阀的调定压力时,阀的进口压力等于调定压力,作用在阀芯上的液压力、弹簧力、液动力保持平衡,阀开口的大小一定,满足压力流量方程。因阀的出口压力不等于 0,故弹簧腔的泄漏油需单独引回油箱。

2) 内控内泄顺序阀的图形符号和动作原理与溢流阀相同,但实际使用时,内控内泄顺序阀串联在液压系统的回油路中使回油具有一定的压力,而溢流阀则旁接在主油路中,如泵的出口、液压缸的进口。因为它们在性能要求上存在一定的差异,所以两者不能混用。

3) 外控内泄顺序阀在功能上等同于液动二位二通阀,其出口接回油箱,因作用在阀芯上的液压力为外力,而且大于阀芯的弹簧力,因此工作时阀口处于全开状态,用于双泵供油回路时可使大泵卸载。

4) 外控外泄顺序阀除可作为液动开关阀外,还可用于变重力负载系统中,称之为限速锁。

2. 顺序阀的应用

（1）实现顺序动作　如图5-17a所示，若要求A缸先动作，B缸后动作，则通过顺序阀的控制可以实现这一过程。顺序阀在A缸进行动作时处于关闭状态，当A缸到位后，油液压力升高，达到顺序阀的调定压力后，打开通向B缸的油路，从而实现B缸的动作。

（2）组成平衡阀　为了保持垂直放置的液压缸不因自重而自行下落，可将单向阀与顺序阀并联构成的单向顺序阀接入油路，如图5-17b所示。此单向顺序阀又称为平衡阀。这里，顺序阀的开启压力要足以支撑运动部件的自重。当换向阀处于中位时，液压缸即可悬停。

（3）使泵卸载　如图5-17c所示，泵1为大流量泵，泵2为小流量泵，两泵并联。在液压缸快速进退阶段，泵1输出的油经单向阀后与泵2输出的油汇合在一起流往液压缸，使缸获得快速；当液压缸转变为慢速工进时，缸的进油路压力升高，外控式顺序阀3被打开，泵1即开始卸荷，由泵2单独向系统供油以满足工进时所需的流量要求。

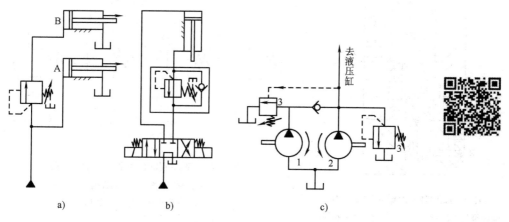

图5-17　顺序阀的应用

a）实现顺序动作　b）组成平衡阀　c）使泵卸荷
1、2—泵　3—顺序阀

三、减压阀

减压阀是一种利用液流流过缝隙液阻产生的压力损失使出口压力低于进口压力的压力控制阀。按调节要求不同有：用于保证出口压力，使其为定值的定值减压阀；用于保证进、出口压力差不变的定差减压阀；用于保证进、出口压力成比例的定比减压阀。其中定值减压阀应用最广，这里只介绍定值减压阀。

1. 减压阀的基本结构和工作原理

图5-18所示为先导型减压阀，其先导阀与溢流阀的先导阀相似，但弹簧腔的泄漏油是单独引回油箱的。而主阀部分与溢流阀不同的是：阀口常开，在安装位置时，主阀芯在弹簧的作用下位于最下端，且阀的开口最大，不起减压作用；引到先导阀前腔的是阀出口外的液压油，能够保证出口压力为定值。

如图5-18所示，进口液压油经主阀阀口（减压缝隙）流至出油口 P_2。与此同时，出口液压油经阀体6、端盖8上的通道进入主阀芯7下腔，然后经主阀芯7上的阻尼孔9到主阀芯上腔和先导阀的前腔。在负载较小、出口压力低于调压弹簧的调定压力时，先导阀关闭，主阀芯阻尼孔9无液流通过，主阀芯7上、下两腔压力相等，主阀芯7在弹簧的作用下处于最下端，阀口全开，不起减压作用。若出口压力随负载增大超过调压弹簧的调定压力时，先导阀阀口开启，主阀出口液压油经主阀芯阻尼孔9到主阀芯上腔、先导阀口，再经泄油口回油箱。因阻尼孔的阻尼作用，主阀上下两腔出现压力差，主阀芯在压力差的作用下克服上端弹簧的阻力向上运动，因主阀阀口减小而起到减压作用。当出口压力下降到调定值时，先导阀芯和主阀芯同时处于受力平衡，出口压力保持稳定不变。通过调节调压弹簧的预压缩量，即调节弹簧力的大小可改变阀的出口压力。

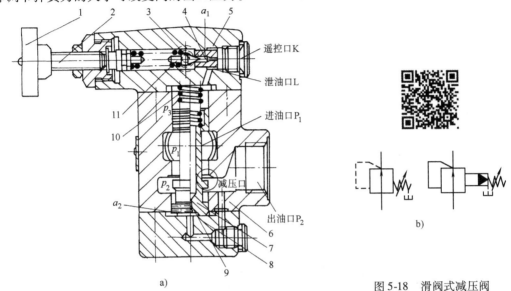

图 5-18 滑阀式减压阀

a）基本结构 b）图形符号

1—调压手轮 2—调节螺钉 3—先导锥阀 4—锥阀座 5—阀盖
6—阀体 7—主阀芯 8—端盖 9—阻尼孔 10—主阀弹簧 11—调压弹簧

2. 减压阀的应用

将减压阀应用在液压系统中可获得压力低于系统压力的二次油路，如夹紧油路、润滑油路和控制油路。必须说明的是，减压阀的出口压力的大小还与出口处负载的大小有关，若因负载建立的压力低于调定压力，则出口压力由负载决定，此时减压阀不起减压作用，进、出口压力相等，即减压阀保证出口压力恒定的条件是先导阀开启。

通过比较减压阀与溢流阀的工作原理和基本结构，可以将两者的差别归纳为以下三点：

1）减压阀的实质为出口压力控制，以保证出口压力为定值；溢流阀的实质为进口压力控制，以保证进口压力恒定。

2）减压阀阀口常开，进、出油口互通；溢流阀阀口常闭，进、出油口不通。

3）减压阀出口处液压油可用于工作，压力不等于零，先导阀弹簧腔的泄漏油需单独引回油箱；溢流阀的出口直接接回油箱，因此先导阀弹簧腔的泄漏油经阀体内流道内泄至出口。

与溢流阀相同的是，减压阀亦可以在先导阀的远程调压口接远程调压阀实现远控或多级调压。

四、压力继电器

压力继电器是一种液-电信号转换元件。当液压油的压力达到压力继电器的调定值时，使电气开关发出电信号来控制电气元件动作，实现泵的加载或卸载、执行元件开始顺序动作、系统出现安全保护和元件动作联锁等。任何压力继电器都是由压力-位移转换装置和微动开关两部分组成的。按压力-位移转换装置的结构划分，有柱塞式、弹簧管式、膜片式和波纹管式四类，其中以柱塞式最常用。

图5-19所示为单柱塞式压力继电器的工作原理。液压油从油口P通入后作用在柱塞1的底部，若其压力已达到弹簧的调定值，它便克服弹簧的阻力和柱塞表面的摩擦力推动柱塞上升，通过顶杆2触动微动开关4发出电信号。压力继电器发出电信号时的压力称为开启压力，切断电信号时的压力称为闭合压力。开启时，柱塞、顶杆移动时所受到的摩擦力的方向与压力的方向相反，闭合时则相同，故开启压力比闭合压力大。两者之差称为通断调节区间。通断调节区间要有足够大，否则，系统压力脉动变化时，压力继电器发出的电信号会时断时续。

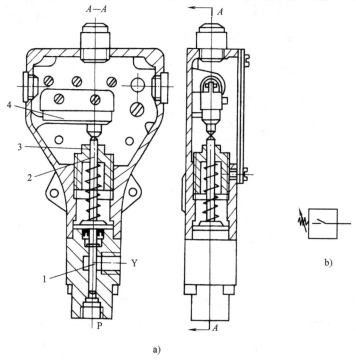

图5-19 单柱塞式压力继电器的工作原理

a）基本结构 b）图形符号

1—柱塞 2—顶杆 3—调节螺钉 4—微动开关

第四节 流量控制阀

流量控制阀通过改变阀口大小，改变液阻实现输出流量调节，从而控制执行元件。常用的流量阀有节流阀和调速阀（稳流节流阀）。

一、节流阀

1. 节流阀的基本结构和工作原理

如图5-20所示，液压油从进油口A流入，经节流口从出油口B流出。节流口所在阀芯锥部通常开有二个或四个三角槽。调节手轮，使进、出油口之间通流面积发生变化，即可调节流量。弹簧用于顶紧阀芯，以保持阀口开度不变。这种阀口的调节范围大，流量与阀口前后的压力差成线性关系，有较小的稳定流量，但流道有一定长度，流量易受温度影响。进口油液通过弹簧腔径向小孔和阀体上斜孔同时作用在阀芯的上下两端，使阀芯两端液压力保持平衡。因此，即使在高压下工作，节流阀也能轻便地调节阀口的开度。

2. 节流阀的流量特性

节流阀的输出流量与节流口的结构形式有关，实用的节流口都介于理想薄壁孔和细长孔之间，故其流量特性可用小孔流量通用公式 $q_V = CA_T\Delta p^\varphi$ 来描述，其流量特性如图5-21所示。

我们希望节流阀的阀口面积 A_T 一经调定，通过流量 q_V 即不再发生变化，以使执行元件的速度保持稳定，但实际上是做不到的，其主要原因是：液压系统负载一般情况下不为定值，负载变化后，执行元件的工作压力也随之变化；与执行元件相连的节流阀，其前后压力差 Δp 发生变化后，流量也就随之变化。另外，油温变化时引起油的黏度发生变化，小孔流量通用公式中的系数 C 值就发生变化，从而使流量发生变化。

3. 节流阀的最小稳定流量

实验表明，当节流阀在小开口面积下工作时，虽然阀的前后压力差 Δp 和油液黏度 μ 均保持不变，但流经阀的流量 q_V 会出现时多时少的周期性脉动现象，随着开口的逐渐减小，流量脉动变化加剧，甚至出现间歇式断流，使节流阀完全丧失工作能力。上述这种现象称为节流阀的堵塞现象。造成堵塞现象的主要原因是由油液中的污物堵塞节流口造成的，即污物时堵时而冲走而造成流量脉动变化；另一个原因是油液中的极化分子和金属表面的吸附作用导致节流缝隙表面形成吸附层，使节流口的大小和形状发生改变。

节流阀的堵塞现象使节流阀在很小流量下工作时流量不稳定，以致执行元件出现爬行现象。因此，对节流阀应有一个能正常工作的最小流量限制。这个限制值称为节流阀的最小稳定流量，用于系统则限制了执行元件的最低稳定速度。

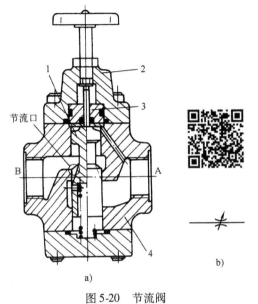

图5-20 节流阀
a) 基本结构 b) 图形符号
1—阀芯 2—调节螺母 3—调节杆 4—阀体

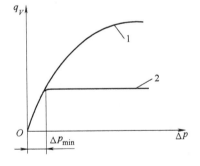

图5-21 流量阀的流量特性
1—节流阀 2—调速阀

二、调速阀

1. 调速阀的基本结构和工作原理

调速阀（又称为稳流节流阀）是由定差减压阀与节流阀串联而成的组合阀，其基本结构如图 5-22 所示。节流阀用来调节通过的流量，定差减压阀则自动补偿负载变化的影响，使节流阀前后的压力差为定值，以消除负载变化对流量的影响。

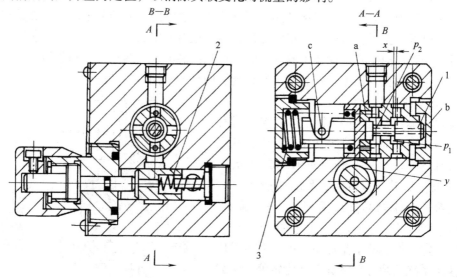

图 5-22　调速阀的基本结构
1—定差减压阀　2—节流阀　3—弹簧

如图 5-23 所示，定差减压阀 1 与节流阀 2 串联，定差减压阀左右两腔也分别与节流阀前后端沟通。假设定差减压阀的进口压力为 p_1，油液经减压后的出口压力为 p_2，通过节流阀又降至 p_3 后进入液压缸。p_3 的大小由液压缸的负载 F 决定。若负载 F 变化，则 p_3 和调速阀两端压力差（$p_1 - p_3$）随之变化，但节流阀两端压力差（$p_2 - p_3$）却保持不变。例如：F 增大使 p_3 增大，减压阀阀芯弹簧腔的液压作用力也增大，阀芯左移，减压口开度 x 增大，减压作用减小，使 p_2 有所增加，结果压力差（$p_2 - p_3$）保持不变；反之亦然。通过调速阀的流量因此就保持恒定不变了。在调速阀阀体中，减压阀和节流阀一般为相互垂直安置。节流阀部分设有流量调节手轮，而减压阀部分可能附有行程限位器。

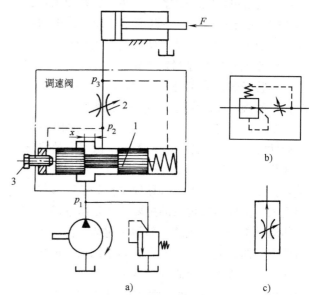

图 5-23　调速阀的工作原理和符号
a）工作原理　b）图形符号　c）简化的图形符号
1—定差减压阀　2—节流阀　3—行程限位器

2. 调速阀的流量特性

在调速阀中，节流阀既是一个调节元件，又是一个检测元件。当阀的开口面积确定之后，它一方面能够控制流量的大小，一方面用于检测流量信号并将其转换为阀口前、后压力差，再反馈作用到定差减压阀阀芯的两端与弹簧力相比较。当检测的压力差值偏离预定值时，定差减压阀阀芯产生相应的位移，改变减压缝隙的大小以进行压力补偿，进而保证节流阀前后压力差基本保持不变。然而，定差减压阀阀芯的位移势必引起弹簧力和液动力的波动，因此，节流阀前、后压力差只能是基本不变，即流经调速阀的流量基本稳定。

由调速阀的流量特性曲线（见图 5-21）可知，当调速阀前、后两端的压力差超过最小值 Δp_{min} 以后，流量是稳定的。而在 Δp_{min} 以内，流量随压力差的变化而变化，其变化规律与节流阀相一致。这是因为当调速阀的压差过低时，将导致其内的定差减压阀阀口全部打开，减压阀处于非工作状态，只剩下节流阀在起作用，故此段曲线和节流阀流量特性曲线基本一致。

第五节　插装阀与叠加阀

一、插装阀

插装阀也叫作逻辑阀，是一种较新型的液压元件。它的特点是通流能力大、密封性能好、动作灵敏，并且结构简单。因而，插装阀主要用于流量较大的系统或对密封性能要求较高的系统中。

插装阀的基本结构及图形符号如图 5-24 所示。它由控制盖板、插装单元（阀套、弹簧、阀芯及密封件）、插装块体和先导控制阀组成。如先导阀为二位三通电磁换向阀，则插装阀的组成如图 5-25 所示。由于这种阀的插装单元在回路中主要起通、断作用，故又称为二通插装阀。二通插装阀的工作原理相当于一个液控单向阀。图 5-24 中 A 和 B 为主油路中仅有的两个工作油口，K 为控制油口（与先导阀相接）。当 K 口无液压力作用时，阀芯受到的向上的液压力大于弹簧力，阀芯开启，A 与 B 相通，至于液流的方向，视 A、B 口压力的大小而定。反之，当 K 口有液压力作用时，且 K 口的油液压力大于 A 和 B 口的油液压力，才能保证 A 与 B 之间处于关闭状态。

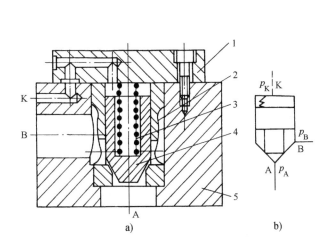

图 5-24　插装阀的基本结构及图形符号
a）基本结构　b）图形符号
1—控制盖板　2—阀套　3—弹簧
4—阀芯　5—插装块体

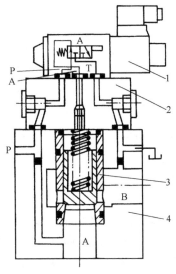

图 5-25　插装阀的组成
1—先导控制阀　2—控制盖板
3—逻辑单元（主阀）
4—阀块体

插装阀通过与各先导阀组合，便可组成方向控制阀、压力控制阀和流量控制阀。

1. 方向控制插装阀

插装阀可以组成各种方向控制阀，如图 5-26 所示。图 5-26a 为单向阀，当 $p_A > p_B$ 时，阀芯关闭，A 与 B 不通；而当 $p_B > p_A$ 时，阀芯开启，油液从 B 流向 A。图 5-26b 为二位二通阀，当二位三通电磁阀断电时，阀芯开启，A 与 B 接通；电磁阀通电时，阀芯关闭，A 与 B 不通。图 5-26c 为二位三通阀，当二位四通电磁阀断电时，A 与 T 接通；电磁阀通电时，A 与 P 接通。图 5-26d 为二位四通阀，电磁阀断电时，P 与 B 接通，A 与 T 接通；电磁阀通电时，P 与 A 接通，B 与 T 接通。

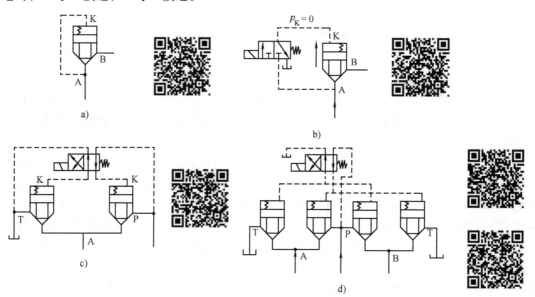

图 5-26 插装阀用作方向控制阀

a）单向阀 b）二位二通阀 c）二位三通阀 d）二位四通阀

2. 压力控制插装阀

插装阀可以组成压力控制阀，如图 5-27 所示。在图 5-27a 中，如 B 接油箱，则插装阀用作溢流阀，其原理与先导式溢流阀相同；如 B 接负载，则插装阀起顺序阀的作用。图 5-27b 所示为电磁溢流阀，当二位二通电磁阀通电时起卸荷作用。

3. 流量控制插装阀

二通插装节流阀的基本结构及图形符号如图 5-28 所示。在插装阀的控制盖板上有阀芯限位器，用来调节阀芯的开度，起到流量控制阀的作用。若在二通插装阀前串联一个定差减压阀，则可组成二通插

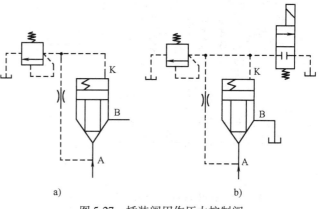

图 5-27 插装阀用作压力控制阀

a）溢流阀 b）电磁溢流阀

装调速阀。

二、叠加阀

叠加阀早期用来作插装阀的先导阀，后来发展成为一种全新的阀类。它以板式阀为基础，单个叠加阀的工作原理与普通阀完全相同，所不同的是每个叠加阀都有 4 个油口 P、A、B、T，且上下贯通。它不仅可以起到单个阀的功能，而且还能沟通阀与阀之间的流道。对于某一规格的叠加阀，其连接、安装尺寸应与同一规格的电磁换向阀或电液换向阀一致。用叠加阀组成回路时，换向阀应安装在最上方，所有对外连接的油口开在最下边的底板上，其他阀通过螺栓联接在换向阀和底板之间。图 5-29 所示为叠加阀的基本结构，图 5-30 所示为叠加阀的系统组成。由叠加阀组成的系统具有结构紧凑、配置灵活、占地面积小、系统设计及制造周期短等特点，是一种很有发展前途的液压控制阀类。

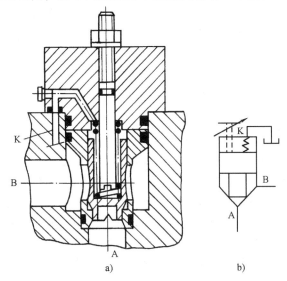

图 5-28 插装节流阀

a) 基本结构 　b) 图形符号

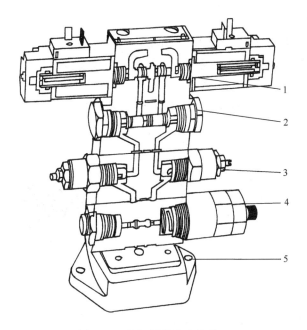

图 5-29 叠加阀的基本结构

1—三位四通电磁换向阀　2—叠加式双向液压锁

3—叠加式双口进油路单向节流阀

4—叠加式减压阀　5—底板

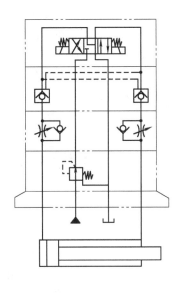

图 5-30 叠加阀的系统组成

第六节　比例阀、伺服阀和数字阀

一、比例阀

比例阀统称电液比例控制阀。一类是由电液伺服阀简化结构、降低精度发展起来的；另一类是以比例电磁铁取代普通液压阀的手调装置或普通电磁铁而发展起来的。下面仅介绍后一种情况，它是当今比例阀的主流，与普通液压阀可以进行互换。它也可分为压力、流量与方向控制阀3大类。

比例电磁铁的外形与普通电磁铁相似，但功能却不相同，比例电磁铁吸力的大小与通过其线圈的直流电流成正比。输入信号在通入比例电磁铁前，要先经电放大器处理和放大。电放大器多制成插接式装置与比例阀配套使用。

下面简要介绍一下3类比例阀的工作原理。

1）用比例电磁铁取代直动型溢流阀的手调装置，便构成直动型比例溢流阀。如图5-31所示，比例电磁铁2的推杆3对调压弹簧4施加推力，随着输入电信号强度的变化，便可改变调压弹簧的压缩量，该阀便连续地或按比例地远程控制其输出油液的压力。在图中，比例电磁铁的前端附有位移传感器，它能准确地测定比例电磁铁的行程，并向电放大器发出电反馈信号。电放大器将输入信号和反馈信号加以比较后，再向电磁铁发出纠正信号以补偿误差。这样便能消除液动力等干扰因素，保持准确的阀芯位置或节流口面积。

2）把直动型比例溢流阀作先导阀与普通压力阀的主阀相配，便可组成先导型比例溢流阀、比例顺序阀和比例减压阀。

3）用比例电磁铁取代电磁换向阀中的普通电磁铁，便构成直动型比例方向阀。由于使用了比例电磁铁，阀芯不仅可以换位，而且换位的行程可以连续地或按比例地变化，因而连通油口间的通流面积也可以连续地或按比例地变化，所以比例换向阀不仅能控制执行元件的运动方向，而且能控制其速度。

4）用比例电磁铁取代节流阀或调速阀的手调装置，以输入电信号控制节流口开度，便可组成比例调速阀。

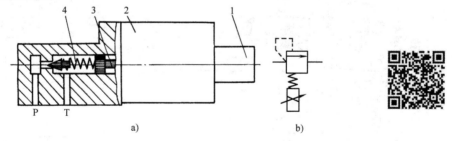

图5-31　直动型比例溢流阀

a）工作原理　b）图形符号

1—位移传感器　2—比例电磁铁　3—推杆　4—调压弹簧

二、伺服阀

伺服阀统称电液伺服控制阀。电液伺服阀的输出流量或压力是由输入的电气信号控制的，主要用于高速闭环液压系统中，用以实现位置、速度和力的控制等；而比例阀多用于响应速度相对较低的开环控制系统中。伺服阀具有精度高、响应快等优点，但其价格也较高，对过滤精度的要求也很高。目前，伺服阀广泛应用于高精度控制的自动控制设备中。

电液伺服阀多为两级阀，有压力型伺服阀和流量型伺服阀之分，绝大部分伺服阀为流量型伺服阀。在流量型伺服阀中，要求主阀芯的位移 x_p 与输入电流 I 成正比，为了保证主阀芯的定位控制，主阀和先导阀之间设有位置负反馈，位置反馈的形式主要有直接位置反馈和位置-力反馈两种。

1. 直接位置反馈型电液伺服阀

直接位置反馈型电液伺服阀的主阀芯与先导阀芯构成直接位置比较和反馈，其工作原理如图 5-32a 所示。先导阀由动圈式力马达的线圈驱动，先导阀芯的位移 $x_{芯}$ 与输入电流 I 大小成正比，其运动方向与电流的方向保持一致。先导阀芯的直径小，无法控制系统中的大流量；主阀芯的阻力很大，力马达的推力又不足以驱动主阀芯。其解决的办法是，先用力马达驱动直径较小的先导阀芯，然后用直接位置反馈（位置随动）的办法让主阀芯等量跟随先导阀运动，以达到用小信号控制系统中的大流量的目的。

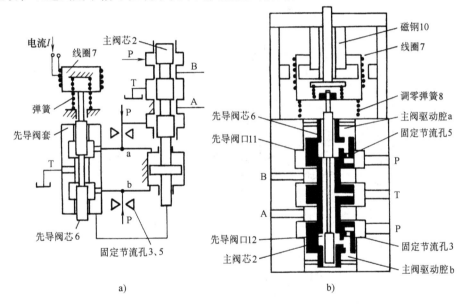

图 5-32 直接位置反馈型电液伺服阀

a）工作原理 b）基本结构

我们将主阀芯两端的容腔看作一个驱动主阀芯的对称双作用液压缸，该缸由先导阀供油，以控制主阀芯作上下运动。先导阀芯直径较小，为了降低加工难度，通常用两个固定的节流孔代替先导阀上用于控制主阀芯上下两腔的进油阀口。为了实现直接位置反馈，将主阀芯、驱动液压缸、先导阀阀套三者做成一体，因此主阀芯的位移 x_p（被控位移）被反馈到先导阀上，且与先导阀套的位移 $x_{套}$ 相等。当先导阀芯在力马达的驱动下向上运动而产生位移 $x_{芯}$ 时，先导阀芯与阀套之间产生的开口量为 $x_{芯} - x_{套}$，此时，主阀芯上腔的回油口打开，压力差驱动主阀芯自下而上运动，同时先导阀口在反馈的作用下逐渐关小。当先导阀口完全关闭时，主阀停止运动且主阀芯的位移 $x_p = x_{套} = x_{芯}$。反向运动亦然。在这种反馈中，主阀芯等量跟随先导阀运动，故称为直接位置反馈。

图5-33a 所示为DY系列直接位置反馈型电液伺服阀的基本结构。上部为动圈式力马达，下部是两级滑阀装置。液压油由P口进入，A，B口接执行元件，T口接回油。由线圈（动圈）7带动的先导阀6与空芯主滑阀4的内孔配合，动圈与先导阀之间为固定连接，并用两个弹簧8、9定位对中。先导阀上的两条控制边与主滑阀上的两个横向孔形成两个可变节流口11、12。由P口来的液压油除流经主控油路外，还要流经固定节流口3、5和可变节流口11、12，先导阀的环形槽和主滑阀中部的横向孔至回油口的油路，形成前置液压放大器的油路（见图5-33b）。显然，前置级液压放大器是由具有两个可变节流口11、12和两个固定节流口3、5组合而成的。油路中固定节流口与可变节流口的连接节点a、b分别与主滑阀上、下两个台肩的端面连通，主滑阀可在节点处液流压力的作用下运动；当达到平衡位置时，节点a、b的压力相同，主滑阀保持不动。如果先导阀在线圈的作用下向上运动，节流口11加大，12减小，a点压力降低，b点压力上升，主滑阀随之向上运动。由于主滑阀又兼作先导阀的阀套（位置反馈），故当主滑阀向上移动的距离与先导阀一致时，停止运动。同样，在先导阀向下运动时，主滑阀也随之向下移动相同的距离。所以称其为直接位置反馈系统。

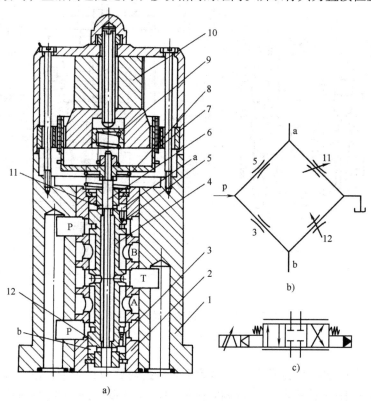

图5-33 DY系列电液伺服阀

a）基本结构 b）前置级液压放大器油路 c）图形符号

1—阀体 2—阀座 3、5—固定节流口 4—主滑阀 6—先导阀 7—线圈（动圈）

8—下弹簧 9—上弹簧 10—磁钢（永久磁铁） 11、12—可变节流口

2. 力反馈型喷嘴挡板式电液伺服阀

喷嘴挡板式电液伺服阀由电磁和液压两部分组成。电磁部分是一个动铁式力矩马达。液压部分为两级：第一级是双喷嘴挡板阀，被称为前置级（先导级）；第二级是四边滑阀，被

称为功率放大级（主阀）。

　　由双喷嘴挡板阀构成的前置级如图 5-34 所示，它由两个固定节流孔、两个喷嘴和 1 个挡板组成。两个对称配置的喷嘴共用一个挡板，挡板和喷嘴之间形成可变节流口，挡板一般由扭轴或弹簧支撑，可绕支撑点偏转，挡板的转动由力矩马达驱动。挡板上没有输入信号时，挡板处于中间位置——零位，与两喷嘴之间的距离均为 x_0，此时两喷嘴控制腔内的压力 p_1 与 p_2 相等。当挡板转动时，两个控制腔内的压力一边升高，另一边降低，就有负载压力 $p_L (p_L = p_1 - p_2)$ 输出。双喷嘴挡板阀有 4 个通道（一个供油口，一个回油口和两个负载口），有 4 个节流口，是一种全桥结构。

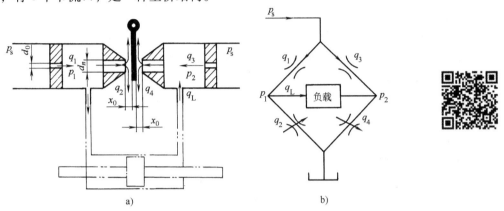

图 5-34　由双喷嘴挡板阀构成的前置级

a）前置级的组成　b）全桥结构的油路

　　力反馈型喷嘴挡板式电液伺服阀的工作原理如图 5-35 所示。主阀芯两端的容腔可以看成一个驱动主滑阀的对称液压缸，且由先导级的双喷嘴挡板阀控制。挡板 5 的下部延伸一个反馈弹簧杆 11，通过钢球与主阀芯 9 相连。主阀的位移通过反馈弹簧杆转化为弹性变形力作用在挡板上与电磁力矩相平衡。当线圈 13 中没有电流通过时，力矩马达无力矩输出，挡板 5 处于两喷嘴的中间位置。当线圈通入电流后，衔铁 3 因受到电磁力矩的作用偏转的角度为 θ，由于衔铁固定在弹簧管 12 上，此时，弹簧管上的挡板也相应偏转 θ 角，使挡板与两喷嘴间的间隙发生改变，如右侧间隙增加，则左喷嘴腔内的压力升高，右腔内的压力降低，主阀芯 9 在此压力差的作用下向右移动。由于

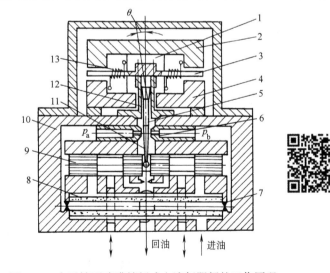

图 5-35　力反馈型喷嘴挡板式电液伺服阀的工作原理

1—永久磁铁　2、4—导磁体　3—衔铁
5—挡板　6—喷嘴　7—固定节流孔
8—过滤器　9—主阀芯　10—阀体
11—反馈弹簧杆　12—弹簧管　13—线圈

挡板的下端为反馈弹簧杆 11，反馈弹簧杆的下端是球头，球头嵌放在主阀芯 9 的凹槽内，在主阀芯移动的同时，球头通过反馈弹簧杆带动上部的挡板一起向右移动，使右侧喷嘴与挡板间的间隙逐渐减小。当作用在衔铁-挡板组件上的电磁力矩与作用在挡板下端因球头移动而产生的反馈弹簧杆变形力矩（反馈力）达到平衡时，滑阀便不再移动，并使其阀口一直保持在这一开度上。该阀通过反馈弹簧杆的变形将主阀芯的位移反馈到衔铁-挡板组件上，并与电磁力矩进行比较而构成反馈，故称之为力反馈式电液伺服阀。

通过线圈的控制电流越大，使衔铁偏转的转矩、挡板的挠曲变形、滑阀两端的压力差以及滑阀的位移量越大，伺服阀输出的流量也就越大。

三、数字阀

这种用计算机对电液系统进行控制的技术是今后技术发展的必然趋势。但电液比例阀或伺服阀接受的信号是电压或电流，而计算机的指令是数字信号，接受计算机数字控制的方法有多种，当今较成熟的技术是增量式数字阀，即用步进电动机驱动的液压阀。步进电动机接受计算机发出的经驱动电源放大的脉冲信号，每接受一个脉冲信号便转动一定的角度，并通过凸轮或丝杠等机构转换成直线位移量，以推动阀芯或压缩弹簧，实现液压阀对方向、流量或压力的控制。

图 5-36 所示为增量式数字流量阀。计算机发出脉冲信号后，步进电动机 1 发生转动，通过滚珠丝杠 2 将其转化为轴向位移，进而带动节流阀阀芯 3 开始移动。该阀有两个节流口，阀芯移动时首先打开右边的非全周节流口，此时流量较小；若阀芯继续移动后，则打开左边的第二个全周节流口，流量增大。阀的流量通过阀芯 3、阀套 4 及阀杆 5 的相对热膨胀取得温度补偿，以维持流量恒定。该阀无反馈功能，但装有零位移传感器 6，在每个控制周期终了时，阀芯都可在它控制下回到零位。这样就保证了每个工作周期都在相同的位置开始，使阀有较高的重复精度。

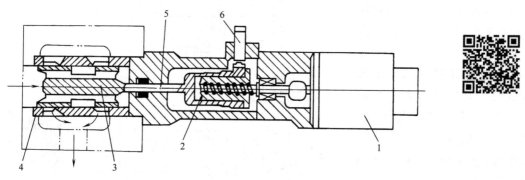

图 5-36 增量式数字流量阀

1—步进电动机 2—滚珠丝杠 3—阀芯 4—阀套 5—阀杆 6—传感器

复习思考题

1. 什么是换向阀的"位"与"通"？三位换向阀的中位机能？选择三位换向阀的中位机能时应考虑哪些问题？

2. 简述 O 型、M 型、P 型和 H 型三位四通换向阀在中间位置时的性能特点。

3. 溢流阀、减压阀和顺序阀各有什么作用？它们在原理上、结构上和图形符号上有何异同？

4. 影响节流阀流量稳定性的因素有哪些？为什么调速阀能够使执行元件的运动速度稳定？

5. 如图 5-37 所示，两液压系统中溢流阀的调整压力分别为 $p_A = 4\text{MPa}$，$p_B = 3\text{MPa}$，$p_C = 3\text{MPa}$，当系统的负载为无穷大时，泵的出口压力各为多少？

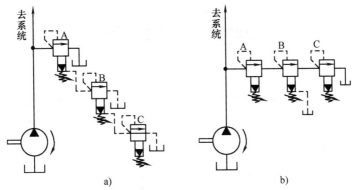

图 5-37 题 5 图

6. 背压阀的作用是什么？哪些阀可以作为背压阀？

7. 一个夹紧回路，如图 5-38 所示，若溢流阀的调定压力 $p_Y = 5\text{MPa}$，减压阀的调定压力 $p_J = 2.5\text{MPa}$，试分析活塞快速运动时和工件夹紧后，A、B 两点的压力。

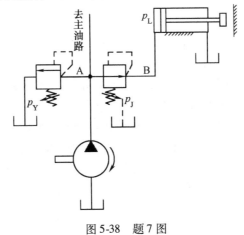

图 5-38 题 7 图

8. 插装阀由哪几部分组成？与普通阀相比有何优点？

第六章

辅 助 元 件

液压系统中的辅助元件包括蓄能器、过滤器、油箱、热交换器和管件等。这些元件对液压系统的性能、效率、温升、噪声和寿命有很大的影响。因此，在选择和使用液压系统时，对辅助元件必须予以足够的重视。

第一节 蓄 能 器

在液压系统中，蓄能器用来储存和释放液体的压力能。它的基本作用是，当系统压力高于蓄能器内液体的压力时，系统中的液体充进蓄能器中，直至蓄能器内、外压力保持相等；反之，当蓄能器内液体的压力高于系统压力时，蓄能器中的液体将流到系统中去，直至蓄能器内、外压力平衡。

一、蓄能器的用途

蓄能器可以在短时间内向系统提供具有一定压力的液体，也可以吸收系统的压力脉动和减小压力冲击等。其作用主要有以下几方面：

（1）作为辅助动力源　对于一个工作时间较短的间歇工作系统，或一个循环内速度差别很大的系统，使用蓄能器作为辅助动力源可以降低液压泵的规格，增大执行元件的速度，提高效率，减少发热量。如图 6-1a 所示，当液压缸停止运动时，液压泵开始向蓄能器充液；液压缸运动时，液压泵和蓄能器就会共同向液压缸供油。压力继电器的作用是控制蓄能器的充液压力，当达到其调定压力时，压力继电器就会发出指令信号，使液压泵停止供油。

（2）系统保压与弥补泄漏　如图 6-1b 所示，若需要液压缸在较长时间内保持一定压力，

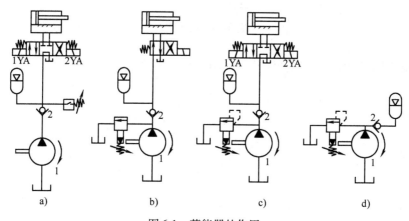

图 6-1　蓄能器的作用

a）作为辅助动力源　b）系统保压与弥补泄漏　c）吸收压力冲击　d）吸收压力脉动

1—液压泵　2—单向阀

可令液压泵卸载，并用蓄能器弥补系统的泄漏以保持液压缸工作腔的压力。此外，在液压泵发生故障时，蓄能器可作为应急能源在一定时间内保持系统压力，防止系统发生故障。

（3）吸收压力冲击 如图 6-1c 所示，在液压缸开停、换向阀换向及液压泵停止工作等情况下液流发生激烈变化时均会产生液压冲击而引起执行机构运动不均匀，严重时还会引起故障。此时，蓄能器能够吸收回路中的冲击压力，起安全保护作用。

（4）吸收压力脉动 齿轮泵、柱塞泵和溢流阀等均会产生流量和压力的脉动变化。如图 6-1d 所示，蓄能器能够吸收或减少液压泵的流量脉动成分和其他因素造成的压力脉动变化，以降低系统的噪声和振动。

二、蓄能器的结构及工作原理

目前，常用的是利用气体膨胀和压缩进行工作的充气式蓄能器，其有活塞式和气囊式两种。

1. 活塞式蓄能器

活塞式蓄能器的基本结构及图形符号如图 6-2 所示。活塞的上部为压缩空气，气体由气门 3 充入，其下部经油孔 a 通入液压系统中。气体和油液在蓄能器中由活塞 1 隔开，利用气体的压缩和膨胀来储存、释放压力能。活塞随下部液压油的储存和释放而在缸筒 2 内产生相对滑动。

这种蓄能器的结构简单，使用寿命长，但是因为活塞有一定的惯性及受到摩擦力作用，反应不够灵敏，所以不宜用于缓和冲击、脉动以及低压系统中。此外，密封件磨损后会使气液混合，也将影响液压系统的工作稳定性。

2. 气囊式蓄能器

气囊式蓄能器的基本结构如图 6-3 所示。气囊 3 用耐油橡胶制成，固定在耐高压的壳体 2 上部。气囊内充有惰性气体，利用气体的压缩和膨胀来储存、释放压力能。壳体下端的提升阀 4 是用弹簧加载的菌形阀，由此通入液压油。该结构气液密封性能十分可靠，气囊惯性小，反应灵敏，但工艺性较差。

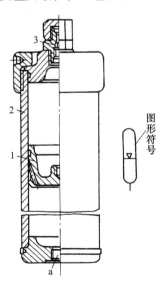

图 6-2 活塞式蓄能器的基本结构及图形符号
1—活塞 2—缸筒 3—气门

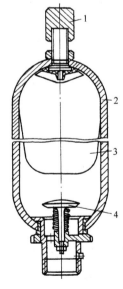

图 6-3 气囊式蓄能器的基本结构
1—充气阀 2—壳体 3—气囊 4—提升阀

三、蓄能器安装与使用注意事项

在安装及使用蓄能器时应注意以下几点：

1）气囊式蓄能器中应使用惰性气体（一般为氮气）。

2）蓄能器是压力容器，搬运和拆装时应将充气阀打开，排出充入的气体，以免因振动或碰撞而发生意外事故。

3）蓄能器的油口应向下竖直安装，且有牢固的固定装置。

4）液压泵与蓄能器之间应设置单向阀，以防止液压泵停止工作时，蓄能器内的液压油向液压泵中倒流；应在蓄能器与液压系统的连接处设置截止阀，以供充气、调整或维修时使用。

5）蓄能器的充气压力应为液压系统最低工作压力的 90% ~ 25%；而蓄能器的容量，可根据其用途不同，参考相关液压系统设计手册来确定。

第二节 过 滤 器

液压传动系统中所使用的液压油将不可避免地含有一定量的某种杂质。例如：有残留在液压系统中的机械杂质；有经过加油口、防尘圈等处进入的灰尘；有工作过程中产生的杂质，如密封件受液压作用形成的碎片、运动件相互摩擦产生的金属粉末、油液氧化变质产生的胶质、沥青质、炭渣等。这些杂质混入液压油中以后，随着液压油的循环作用，会导致液压元件中相对运动部件之间的间隙、节流孔和缝隙堵塞或运动部件卡死；破坏相对运动部件之间的油膜，划伤间隙表面，增大内部泄漏，降低效率，增加发热，加剧油液的化学作用，使油液变质。根据实际统计数字可知，液压系统中 75% 以上的故障是由于液压油中混入杂质造成的。因此，维护油液的清洁，防止油液的污染，对液压系统是十分重要的。

一、对过滤器的基本要求

过滤器是由滤芯和壳体组成的，其图形符号如图6-4所示。过滤器就是靠滤芯上面的微小间隙或小孔来阻隔混入油液中杂质的。对过滤器的基本要求包括：

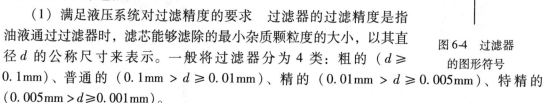

图6-4 过滤器
的图形符号

（1）满足液压系统对过滤精度的要求 过滤器的过滤精度是指油液通过过滤器时，滤芯能够滤除的最小杂质颗粒度的大小，以其直径 d 的公称尺寸来表示。一般将过滤器分为4类：粗的（$d \geqslant 0.1\,\text{mm}$）、普通的（$0.1\,\text{mm} > d \geqslant 0.01\,\text{mm}$）、精的（$0.01\,\text{mm} > d \geqslant 0.005\,\text{mm}$）、特精的（$0.005\,\text{mm} > d \geqslant 0.001\,\text{mm}$）。

（2）满足液压系统对过滤能力的要求 过滤器的过滤能力是指在一定压力差作用下允许通过过滤器的最大流量，一般用过滤器的有效滤油面积来表示。

（3）过滤器应具有一定的机械强度 制造过滤器所采用的材料应保证在一定的工作压力下不会因液压力的作用而受到破坏。

二、过滤器的类型及特点

过滤器按滤芯的材料和结构形式可分为网式、线隙式、纸芯式、磁性式和烧结式等。

1. 网式过滤器

如图6-5所示，网式过滤器由一层或两层铜丝网1包围着四周开有很大窗口的金属或塑料骨架 2 构成。它一般安装在液压系统的吸油口 3 上，用作液压泵的粗滤。其特点是结构简单，通油性能好，压力损失较小（一般为 0.025MPa 左右）；但是它的过滤精度较低，使用时铜质滤网会使油液氧化过程加剧，因此需要经常清洗。

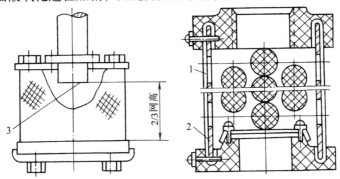

图 6-5　网式过滤器
1—铜丝网　2—骨架　3—吸油口

2. 线隙式过滤器

如图 6-6 所示，线隙式过滤器的滤芯由铜丝绕成，依靠铜丝间的间隙起到滤除混入油液中杂质的作用。它分为压油管路用过滤器和吸油管路用过滤器两种。它用于吸油管路时，可将滤芯部分直接浸入油液中；其特点是结构简单，通油能力大，过滤精度比网式过滤器高；缺点是不易清洗。因此，线隙式过滤器常用于低压回路（<2.5MPa）。

3. 纸芯式过滤器

如图 6-7 所示，纸芯式过滤器的滤芯由平纹或皱纹的酚醛树脂或木浆微孔滤纸组成，滤芯围绕在骨架上。为了提高滤芯的强度，一般的滤芯可分为三层：外层采用粗眼钢板网；中层为折叠成 W 形的滤纸；里层由金属丝网与滤纸一并折叠在一起。滤芯的中央还装有支撑弹簧。其特点是过滤精度高、结构紧凑、质量轻、通油能力大，工作压力可达 38MPa；缺点是不能清洗，因此要经常更换滤芯。

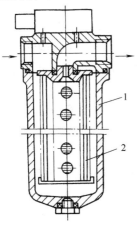

图 6-6　线隙式过滤器
1—外壳　2—滤芯

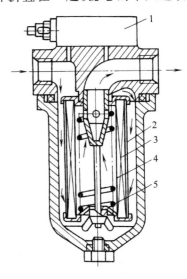

图 6-7　纸芯式过滤器
1—堵塞状态信号发出装置　2—滤芯外层
3—滤芯中层　4—滤芯内层　5—支撑弹簧

4. 磁性式过滤器

如图 6-8 所示，磁性式过滤器是用来滤除混入油液中的铁磁性杂质的，特别适用于经常加工铸件的机床液压系统中。磁性式过滤器的滤芯还可以与其他过滤材料（如滤纸、铜网等）构成组合滤芯。

5. 烧结式过滤器

如图 6-9 所示，烧结式过滤器的滤芯由青钢颗粒通过粉末冶金烧结工艺高温烧结而成，利用颗粒间的微孔滤除油液中的杂质。它的压力损失一般为 0.03 ~ 0.2MPa。它的主要特点是过滤精度较高（10 ~ 100μm），强度大，承受热应力和冲击性能好，能在较高温度下工作，有良好的抗腐蚀性。其缺点是易堵塞，难清洗，使用中烧结颗粒容易脱落。

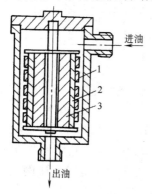

图 6-8　磁性式过滤器
1—铁环　2—罩子　3—永久磁铁

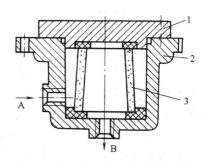

图 6-9　烧结式过滤器
1—封闭盖　2—壳体　3—滤芯

三、过滤器的安装位置及使用与维护

1. 过滤器的安装位置

（1）安装在液压泵的吸油管路上　粗过滤器（网式或线隙式过滤器）一般安装在液压泵的吸油管路上，主要是保护液压泵免遭较大颗粒杂质的直接伤害。为了不影响液压泵的吸油能力，其通油能力应大于液压泵流量的 3 倍。

（2）安装在压油管路上　在压油管上安装各种形式的精过滤器，是用来保护除液压泵以外的其他液压元件。这样安装的过滤器，因为是在高压下工作，所以要求过滤器要有一定的强度，且最大压力降不能超过 0.35MPa，为防止过滤器出现堵塞现象，可并联一安全阀或堵塞指示器。

（3）安装在回油路上　安装在回油管路上的精过滤器可以保证流回液压油油箱的油液是清洁的。为了防止过滤器堵塞，也要并联一个安全阀和堵塞指示器。

（4）安装在辅助泵的输油路上　在一些闭式液压系统的辅助油路上，辅助液压泵的工作压力不高，一般只有 0.5 ~ 0.6MPa。因此，可将精过滤器安装在辅助液压泵的输油管上，从而保证杂质不会进入主油路的各液压元件中。

2. 过滤器的使用与维护

随着液压装置的大型化、自动化、精密化程度的不断提高，对过滤器的要求也不断提高。过滤器使用要求是：一般在液压泵的吸油管路上必须安装粗过滤器；除在重要液压元件前安装精过滤器外，一般应将精过滤器安装在回油管路上。由于过滤器只能单方向使用，因此必须注意的是，过滤器不要安装在液流方向经常改变的油路上。如果需要这样设置时，应适当加设过滤器和单向阀。为了保护过滤器，需要并联安全阀和报警用的过滤器堵塞指示器，还要经常观察、定期清洗过滤器。

第三节 油 箱

一、油箱的用途及其容积的确定

油箱的主要作用是储存油液，此外还起着对油液的散热、杂质沉淀和使油液中的空气逸出等作用。按油箱液面是否与大气相通，油箱可分为开式与闭式两种。开式油箱用于一般的液压系统中；闭式油箱用于水下和对工作稳定性、噪声有严格要求的液压系统中。

油箱的容积必须保证在设备停止运转时，系统中的油液在自重作用下能全部返回液压油油箱。油箱的有效容积（液面高度只占液压油油箱高度80%时的油箱容积）一般要大于泵每分钟流量的3倍（行走装置为1.5~2倍）。通常低压系统中，油箱有效容积取为每分钟流量的2~4倍，中高压系统为每分钟流量的5~7倍；若是高压闭式循环系统，其油箱的有效容积应由所需外循环油或补充油油量的多少而定；对工作负载大，并长期连续工作的液压系统，油箱的容量需按液压系统的发热量，通过计算来确定。

二、液压油箱的结构及设置

开式液压油箱的基本结构、三隔板原理及图形符号如图6-10所示。

1. 基本结构

油箱外形以立方体或长六面体为宜。最高油面只允许达到箱内高度的80%。油箱内壁需经喷丸、酸洗和表面清洗。液压泵、电动机和阀的集成装置等可直接固定在顶盖上，亦可安装在图示安装板上。安装板与顶盖间应垫上橡胶板，以缓冲振动。油箱底脚高度应为150mm以上，以便散热、搬运和放油。

2. 油管的设置

液压泵的吸油管与液压系统回油管之间的距离应尽可能大，管口插入许用的最低油面以下，但离油箱底要大于管径的2~3倍，以免吸入空气和飞溅起泡。回油管口截成45°斜角且面向箱壁以增大通流截面，有利于散热和沉淀杂质。吸油管端部装有过滤器，并离油箱壁有3倍管径的距离以便四面进油。阀的泄油管口应在液面之上，以免产生背压。液压马达和液压泵的泄油管则应插入液面以下，以免产生气泡。

3. 隔板的设置

设置隔板是将吸、回油区分开，迫使油液循环流动，以利散热和杂质沉淀。隔板高度可接近最高液面。如图6-10b所示，通过设置隔板可以获得较大的流程，且与四壁保持接触，效果会更佳。

4. 空气滤清器与液位计的设置

空气滤清器的作用是使油箱与大气相通，保证液压泵的吸油能力，除去空气中的灰尘兼作加油口。一般将其布置在顶盖靠近油箱边处。液位计用于监测油箱中油的高度，其窗口尺寸应能满足对最高和最低液位的观察。

5. 放油口与清洗窗的设置

油箱底面做成双斜面，或向回油侧倾斜的单斜面。在最低处设置放油口。大容量油箱为便于清洗，常在侧壁上设置清洗窗。

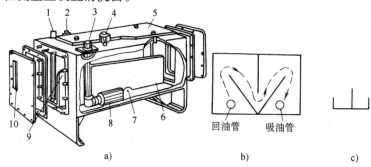

图 6-10 开式液压油箱

a）基本结构 b）三隔板原理 c）图形符号

1—回油管 2—泄油管 3—吸油管 4—空气滤清器 5—安装板

6—隔板 7—放油口 8—过滤器 9—清洗窗 10—液位计

第四节 热交换器

液压系统的正常工作温度应保持在 40～60℃ 的范围内，最低不得低于 15℃，最高不超过 65℃。油温过高或过低都会影响液压系统的正常工作，此时就必须安装热交换器来控制油液的温度。热交换器的图形符号如图 6-11 所示。

一、冷却器

冷却器除了可以通过管道散热面积直接吸收油液中的热量外，还可以使油液流动出现湍流时通过破坏边界层来增加油液的传热系数。对冷却器的基本要求是：在保证散热面积足够大、散热效率高和压力损失小的前提下，应结构紧凑、坚固、体积小、重量轻，最好有自动控制油温装置，以保证油温控制的准确性。

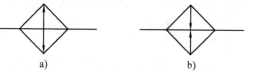

图 6-11 热交换器的图形符号

a）冷却器 b）加热器

1. 冷却器的结构

（1）蛇形管冷却器 图 6-12 所示为最简单的蛇形管冷却器，它直接安装在油箱内并浸入油液中，管内通冷却水。这种冷却器的冷却效果不好，耗水量大。

（2）对流式多管冷却器 图 6-13 所示为液压系统中用得较多的一种强制对流式多管冷却器，油液从油口 c 进入，从油口 b 流出；冷却水从右端盖 4 中部的孔 d

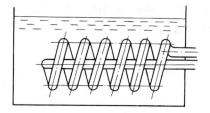

图 6-12 蛇形管冷却器

进入，通过右水管 3 后从左端盖 1 上的孔 a 流出。油在水管外面流过，三块隔板 2 用来增加油液的循环距离，以改善散热条件，冷却效果较好。

2. 冷却器的安装

冷却器一般都安装在回油路及低压管路上，图 6-14 所示为冷却器常用的一种连接方式。

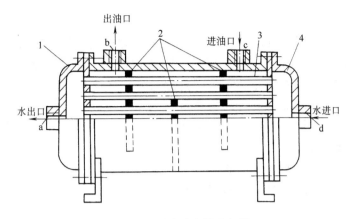

图 6-13　对流式多管冷却器
1—左端盖　2—隔板　3—右水管　4—右端盖

安全阀 6 对冷却器起保护作用；当系统不需要冷却时，截止阀 4 打开，油液直接流回油箱。

二、加热器

电加热器的安装方式如图 6-15 所示。一般情况下，电加热器应水平安装，发热部分全部浸入油液当中；安装位置应使油箱中的油液形成良好的自然对流；单个加热器的功率不能太大，以避免其周围油液过度受热而变质。

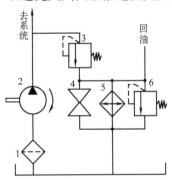

图 6-14　冷却器的连接方式
1—过滤器　2—液压泵　3—溢流阀
4—截止阀　5—冷却器　6—安全阀

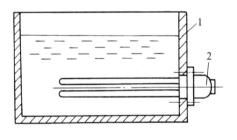

图 6-15　电加热器的安装方式
1—油箱　2—电加热器

第五节　密　封　装　置

密封可分为间隙密封和接触密封两种方式，间隙密封是依靠相对运动零件配合面的间隙来防止泄漏的，其密封效果取决于间隙的大小、压力差、密封长度和零件表面质量。接触密封是靠密封件在装配时的预压缩力和工作时密封件在油液压力作用下发生弹性变形所产生的弹性接触压力来实现的，其密封能力随油液压力的升高而提高，并在磨损后具有一定的自动补偿能力。目前，常用的密封件以其断面形状命名，有 O 形、唇形、Y 形、V 形等密封圈，其材料为耐油橡胶、尼龙等。另外，还有防尘圈、油封等。这里重点介绍接触密封的典型结构及使用特点。

一、O 形密封圈

O 形密封圈的截面形状为圆形，如图 6-16 所示。它应用在外圆或内孔的密封槽内，在槽内它的截面直径被压缩 8% ~25%，如图 6-17a、b 所示。O 形密封圈就是依靠自身的弹性变形力来密封的，如图6-17c所示。当工作压力较高时,O 形密封圈会被油液压力压向沟槽的另一侧，如图6-17d 所示。若工作压力非常高，O 形密封圈还将被挤出密封槽而遭到破坏，如图6-17e 所示。因此，当系统的工作压力超过 10MPa 时，应在 O 形密封圈的侧面安放挡圈，如图 6-18 所示。若 O 形密封圈单向受压，挡圈应加在非受压侧，如图 6-18a 所示；若 O 形密封圈双向受压，两侧应同时加挡圈，如图 6-18b 所示。制作挡圈所用的材料常用聚四氟乙烯、尼龙等。

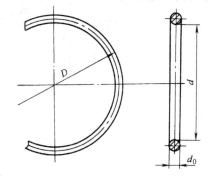

图 6-16　O 形密封圈

O 形密封圈的特点是结构简单、安装尺寸小、使用方便、摩擦力较小、价格低，故应用十分广泛。

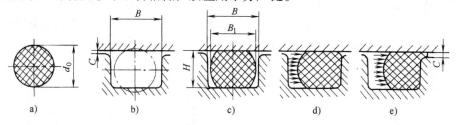

图 6-17　O 形密封圈的工作原理

a）截面形状　b）压缩程度　c）密封机理　d）、e）在较高工作压力下的变形

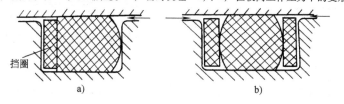

图 6-18　O 形密封圈加用挡圈

a）一侧安放挡圈　b）两侧安放挡圈

二、唇形密封圈

唇形密封圈工作时唇口应对着有压力的一侧，当工作介质压力等于 0 或很低时，靠预压缩密封，压力较高时在介质压力作用下将唇边紧贴密封面而实现密封。按其截面形状它可分为 Y 形、Yx 形、V 形、U 形、L 形和 J 形等多种，主要用于动密封。

三、Y 形密封圈

Y 形密封圈的截面形状和密封原理，如图 6-19 所示。当工作压力超过 20MPa 时，应施加挡圈，当工作压力有较大波动时要加支撑环，如图 6-20 所示。由于 Y 形密封圈的摩擦力小、使用寿命长、密封可靠、磨损后能自动补偿，所以它适用于运动速度较高的场合，其工作压力可达 20MPa。

四、V 形密封圈

V 形密封圈是由压环、密封环和支撑环组成的，如图 6-21 所示。当工作压力高于 10MPa 时，可增加密封环的数量；安装时开口应面向高压侧。此种密封能够耐高压，但密封处摩擦阻力较大，适用于相对运动速度不高的场合。

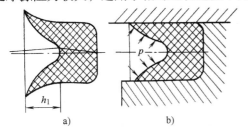

图 6-19 Y 形密封圈的截面形状和密封原理

a）截面形状 b）密封原理

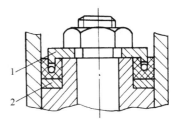

图 6-20 加支撑环和挡圈的
Y 形密封圈

1—挡圈 2—支撑环

五、油封

油封是适用于旋转轴用的密封装置，按其结构可分为骨架式和无骨架式两类。图 6-22 所示为骨架式油封，其由橡胶油封体 1、金属加强环 2、自紧螺旋弹簧 3 组成。油封的内径 d 比被密封轴的外径略小，油封装到轴上后对轴产生一定的抱紧力。油封常用于液压泵和液压马达的转轴密封。

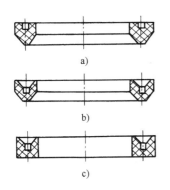

图 6-21 V 形密封圈

a）支撑环 b）密封环 c）压环

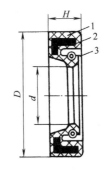

图 6-22 骨架式油封

1—橡胶油封体 2—金属加强环
3—自紧螺旋弹簧

第六节 油管与管接头

液压系统通过油管来传送工作液体，用管接头把油管与油管或油管与元件连接起来。油管和管接头应有足够的强度、良好的密封性能，并且压力损失要小、拆装方便。

一、油管

1. 油管的种类

油管的种类和适用场合见表 6-1。

2. 油管的安装要求

1）管路应尽量短、布置整齐、转弯少，避免过小的转弯半径，弯曲后管径的圆度不得大于10%，一般要求弯曲半径大于其直径的3倍，管径小时还要加大，并保证管路有必要的伸缩变形余地。液压油管悬伸太长时要有支架支撑。

2）管路最好平行布置，且尽量少交叉。平行或交叉的液压油管间至少应留有10mm的间隙，以防接触振动，并给安装管接头留有足够的空间。

表6-1 油管的种类和适用场合

种 类		特 点 和 适 用 场 合
硬 管	钢管	价低、耐油、耐蚀、刚性好，但装配时不便弯曲。常在装拆方便处用作压力管道。中压以上条件下采用无缝钢管，低压条件下采用焊接钢管
	纯铜管	价高，抗振能力差，易使油液氧化，但易弯曲成形，只用于仪表装配不便处
软 管	尼龙管	乳白色半透明，可观察流动情况。加热后可任意弯曲成形和扩口，冷却后即定形。承压能力为2.5~8MPa
	塑料管	耐油、价低、装配方便，长期使用易老化，只适用于压力低于0.5MPa的回油管与泄油管
	橡胶管	用于柔性连接，分高压和低压两种。高压胶管由耐油橡胶夹钢丝编织网制成，用于压力管路；低压胶管由耐油橡胶夹帆布制成，用于回油管路

3）安装前的管子，一般先用20%的硫酸或盐酸进行酸洗；酸洗后再用10%的苏打水中和；然后用温水洗净后，进行干燥、涂油处理，并作预压试验。

4）安装软管时不允许拧扭，直线安装要有余量，软管弯曲半径应不小于软管外径的9倍。弯曲处管接头的距离至少是外径的6倍。若结构要求管子必须小于弯曲半径，则应选用耐压性较好的管子。

二、管接头

在液压系统中，对于金属管之间以及金属管件与元件之间的连接，可以采用直接焊接、法兰连接和管接头连接等方式。焊接连接要进行试装、焊、除渣、酸洗等一系列工序，且安装后拆卸不方便，因此很少采用。法兰连接工作可靠，拆装方便，但外形尺寸较大；一般只对直径大于50mm的液压油管采用法兰连接。对小直径的液压油管，普遍采用管接头连接，如焊接管接头、卡套管接头、扩口管接头等。

（1）焊接管接头 如图6-23所示，焊接管接头是将管子的一端与管接头上的接管1焊接起来后，再通过管接头上的螺母2、接头体3等与其他管子式元件连接起来的一类管接头。接头体3与接管1之间的密封可采用图6-23所示的球面压紧的方法来密封。除此之外，还可采用O形密封圈或金属密封圈加以密封。

（2）卡套管接头 如图6-24所示，卡套管接

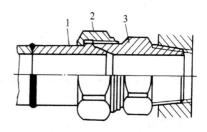

图6-23 焊接管接头
1—接管 2—螺母 3—接头体

头的基本结构由接头体4、卡套2和螺母3三个基本零件组成。卡套是一个在内圆端部带有锋利刃口的金属环，装配时因刃口切入被连接的油管而起到连接和密封的作用。

装配时首先把螺母3、卡套2套在接管1上，然后把油管插入接头体4的内孔（靠紧），把卡套安装在接头体内锥孔与油管中的间隙内，再把螺母3旋紧在接头体4上，旋至螺母90°锥面与卡套尾的86°锥面充分接触为止。在用扳手紧固螺母之前，务必使被连接的油管端面与接头体止推面相接触，然后一面旋紧螺母一面用手转动油管，当油管不能转动时，表明卡套在螺母推动和接头锥面的挤压下已开始卡住油管，继续旋紧螺母1~4/3圈使卡套的刃口切入油管，形成卡套与油管之间的密封，卡套前端外表面与接头体内锥面间所形成的球面接触密封为另一密封面。

卡套管接头所用油管外径一般不超过42mm，使用压力可达32MPa，工作可靠，拆装方便，但对卡套的制造工艺要求较高。

（3）扩口管接头　如图6-25所示，扩口管接头适用于铜管和薄壁钢管之间的连接。导管2先扩成喇叭口形状（一般为74°~90°），再用螺母3把导管2连同接管1一起压紧在接头体4上形成密封。

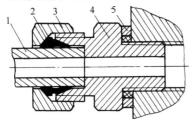

图6-24　卡套管接头

1—接管　2—卡套　3—螺母

4—接头体　5—组合密封圈

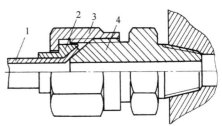

图6-25　扩口管接头

1—接管　2—导管

3—螺母　4—接头体

（4）胶管接头　胶管接头有可拆式和扣压式两种。胶管接头除要求具备一般管接头的可靠密封性能外，还应具备耐振动、耐冲击、耐反复屈伸等性能。钢丝编织胶管接头分为可拆式和扣压式两种，其中扣压式如图6-26所示，每种又有A、B、C三种型式。A型采用焊接管接头，B型采用卡套管接头，C型采用扩口管接头。A型和B型的使用压力可达32MPa。具体结构可参见有关设计手册。

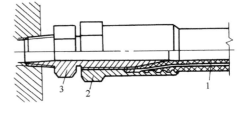

图6-26　扣压式胶管接头

1—胶管　2—接头螺母　3—接头体

（5）快速接头　当液压系统中某一局部不经常需要液压油源，或一个液压油源要间断地分别供给几个局部时，为了减少控制阀和复杂的管路安装，有时可采用快速接头与胶管配合使用。如图6-27所示，图中各零件的位置为油路接通时的位置，外套6把钢球8压入槽底使接头体10和插座2连接起来，单向阀阀芯4和11互相挤紧顶开致使油路接通。

当需要断开油路时，可用力把外套6向左推，同时拉出接头体10，油路即可断开。与此同时，单向阀阀芯 4 和 11 分别在各自的弹簧 3 和 12 的作用下外伸，顶在插座 2 和接头体 10 的阀座上，使两侧管子内的油封闭在管中不至流出，弹簧 7 则使外套 6 回到原位。

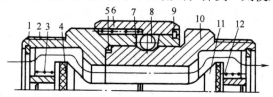

图 6-27　快速接头

1—挡环　2—插座　3、7、12—弹簧

4、11—单向阀阀芯　5、9—密封圈

6—外套　8—钢球　10—接头体

复习思考题

1. 蓄能器有哪些用途？

2. 安装与使用蓄能器时应注意哪些问题？

3. 对过滤器的基本要求有哪些？

4. 不同类型的过滤器是否可以替用？

5. 在设计开式液压油油箱结构时应考虑哪些因素？

6. 各种密封圈各有何特点？

7. 各种密封圈的失效原因是怎样的？

8. 油管安装时应注意哪些问题？

9. 管接头包括哪些类型？

第七章

液压系统基本回路

任何一种液压传动系统都是由一些基本回路组成的。所谓基本回路，就是用来完成某种特定功能的典型回路。按基本回路的功能可分为压力控制回路、速度控制回路、方向控制回路和多缸工作控制回路等。熟悉和掌握这些基本回路的组成、工作原理和性能，是分析、维护、安装、调试和使用液压系统的重要基础。

第一节　压力控制回路

压力控制回路是通过控制液压系统（或系统中某一部分）的压力，以满足执行元件对力或转矩要求的回路。这类回路包括调压、减压、卸荷和平衡等基本回路。

一、调压回路

调压回路的功能是使液压系统（或系统中某一部分）的压力保持恒定或不超过某一数值。当液压系统在不同工作阶段需要两种以上不同大小的压力时，可采用多级调压回路。

图 7-1 所示为一种常用的二级调压回路。当二位二通电磁换向阀 4 未通电时，远程调压阀 3 的出油口处于关闭状态，先导型溢流阀 2 的远程控制口相应也处于关闭状态，此时液压泵 1 的最大供油压力取决于阀 2 的调定压力；当阀 4 通电时，阀 3 的出油口与油箱相通，泵 1 的最大供油压力取决于阀 3 的调定压力（阀 3 的调定压力应比阀 2 低，否则阀 3 将不起作用）。这种回路中的阀 4 应接在阀 3 的出油口处，以保证在阀 4 未通电时，从阀 2 的远程控制口到阀

图 7-1　常用的二级调压回路
1—液压泵　2—先导型溢流阀
3—远程调压阀　4—电磁换向阀

4 的油路里充满液压油，阀 4 切换时，泵的供油压力从阀 2 的调定压力降至阀 3 的调定压力，不至于产生过大的液压冲击。

如果在先导型溢流阀 2 的远程控制口处并联几个远程调压阀，且各远程调压阀的出油口分别由二位二通电磁换向阀来控制，就能实现多级调压。

二、减压回路

减压回路的功能是使液压系统中某一支路具有较主油路低的稳定压力。当液压系统中某一支路在不同工作阶段需要两种以上大小不同的工作压力时，可采用多级减压回路。

图 7-2 所示为一种常用的二级减压回路。由溢流阀 2 调定系统压力，通过先导型减压阀

3 的远程控制口接远程调压阀 4 来实现二级减压。当二位二通电磁换向阀 5 未通电时，减压阀 3 出油口处的压力由自身调定；当电磁换向阀 5 通电时，减压阀 3 的出油口压力由远程调压阀 4 调定（阀 4 的调定压力应比阀 3 低，否则阀 4 将不起作用）。减压回路也可采用电液比例减压阀实现无级减压。

为了使减压回路工作可靠，减压阀的最低调定压力不应低于 0.5MPa，最高调定压力至少应比系统压力低 0.5MPa。当减压回路上的执行元件需要调速时，流量控制阀应串联在减压阀后，以免减压阀泄漏对执行元件的速度产生影响。

三、卸荷回路

卸荷回路的功能是在液压泵不停止转动的情况下，使液压泵在零压或很低压力下运转，以减少功率损耗、降低系统发热、延长液压泵和驱动电动机的使用寿命。

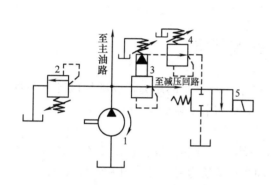

图 7-2 常用的二级减压回路
1—液压泵 2—溢流阀 3—先导型减压阀
4—远程调压阀 5—电磁换向阀

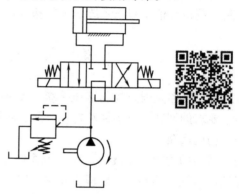

图 7-3 采用换向阀的卸荷回路

图 7-3 所示为采用 M 型（也可用 H 型或 K 型）中位滑阀机能的三位四通电磁换向阀来实现卸荷的回路。换向阀在中位时可以使液压泵输出的油液直接流回油箱中，从而实现液压泵的卸荷。对于低压小流量液压泵，采用换向阀直接卸荷是一种简单而有效的方法。

有些液压系统在工作过程中要求在保持压力不变的同时使液压泵卸荷。图 7-4 所示为用蓄能器和换向阀实现保压卸荷的夹紧回路。当电磁铁 1YA 通电时，电磁换向阀 7 右位接入回路，液压泵 1 和蓄能器 4 同时向液压缸的左腔中供油，以推动活塞快速向右移动，当活塞接触到工件后，系统压力开始升高，当压力达到压力继电器 6 的动作值时，表明工

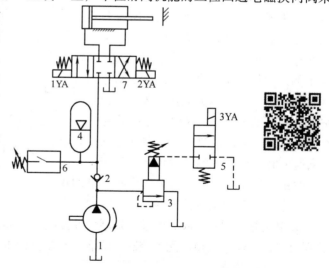

图 7-4 用蓄能器和换向阀实现
保压卸荷的夹紧回路
1—液压泵 2—单向阀 3—先导型溢流阀
4—蓄能器 5、7—电磁换向阀 6—压力继电器

件已被夹紧,压力继电器 6 发出电信号使电磁铁 3YA 通电,电磁换向阀 5 开始换向,液压泵 1 输出的油液经先导型溢流阀 3 流回油箱,液压泵 1 卸荷,此时液压缸所需要的压力由蓄能器 4 来保持。若蓄能器 4 的压力因补充系统泄漏油而下降到压力继电器 6 的复位压力时,压力继电器 6 发生复位,电磁铁 3YA 断电,液压泵停止卸荷,重新向液压缸和蓄能器 4 供油。

四、平衡回路

平衡回路的功能是使执行元件保持一定背压力(即回油路上的压力),以便与重力负载相平衡。立式液压缸的垂直运动部件因自重作用而自行下滑,或在下行过程中因自重而造成超速运动时,都有必要采用平衡回路。

图 7-5 所示为用单向顺序阀组成的平衡回路。单向顺序阀的调定压力应稍大于因运动部件自重 W 在液压缸下腔形成的压力。当换向阀处于中位,液压缸不工作时,单向顺序阀关闭,运动部件不会自行下滑;当换向阀右位接入回路,液压缸上腔通入液压油使液压缸下腔背压力大于顺序阀的调定压力时,顺序阀打开,活塞及运动部件下行,因运动部件自重得到平衡而不会产生超速下降的现象;当换向阀左位接入回路,液压油经单向阀进入液压缸下腔时,活塞开始向上运行。这种回路的特点是,活塞下行运动比较平稳,但液压缸停止时会因顺序阀和换向阀的泄漏而使运动部件缓慢下降;在活塞快速下行时功率损失较大,所以这种回路适用于运动部件重量不很大的系统。

图 7-6 所示为用液控单向顺序阀组成的平衡回路。换向阀处于中位时,液控顺序阀的控制油口与油箱相通,顺序阀关闭,活塞不会自行下滑;换向阀左位接入回路时,液压油经单向阀进入液压缸的下腔,上腔中的油液直接流回油箱,活塞上行;换向阀右位接入回路时,液压油进入液压缸的上腔和液控单向顺序阀的控制油口,于是顺序阀打开,回油腔中因顺序阀而产生的背压消失,运动部件的势能得以被利用,因此下行时系统效率较高。必须指出,这种回路应在液压缸的下腔与液控单向顺序阀之间的油路上串入一个单向节流阀(或单向调速阀),以控制活塞的下行速度,若没有单向节流阀(或单向调速阀),顺序阀打开后,回油腔中的背压消失,活塞因自重而加速下行,造成液压缸上腔供油不足,进油路压力消

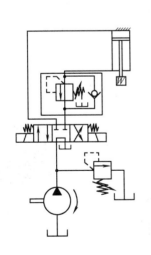

图 7-5　用单向顺序阀
组成的平衡回路

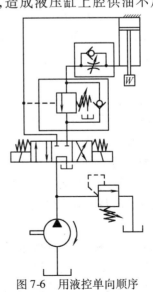

图 7-6　用液控单向顺序
阀组成的平衡回路

失，顺序阀因控制油口失压而关闭，顺序阀关闭后进油路（控制油口）又重新建立压力，顺序阀再次打开，顺序阀会时开时闭，致使活塞下行运动过程中产生冲击和振动，运动不平稳。这种回路适用于运动部件重量经常发生变化的场合，工作安全可靠，下行运动较平稳，且下行运动时功率损失也较小，但同样存在液压缸停止时会缓慢下降的现象。

第二节　速度控制回路

速度控制回路是对液压系统中执行元件的运动速度和速度切换实现控制的回路。这类回路包括调速、快速和换速等回路。

一、调速回路

调速回路的功能是调定执行元件的工作速度。在不考虑油液的可压缩性和泄漏的情况下，执行元件的速度表达式为

液压缸 $\hspace{6em} v = \dfrac{q_V}{A}$ $\hspace{6em}$ (7-1)

液压马达 $\hspace{5em} n = \dfrac{q_V}{V}$ $\hspace{6em}$ (7-2)

从式（7-1）和式（7-2）可知，改变输入执行元件的流量、液压缸的有效工作面积或液压马达的排量均可以达到调速的目的，但改变液压缸的有效工作面积往往会受到负载等其他因素的制约，改变排量对于变量液压马达容易实现，但对定量马达则不易实现，而使用最普遍的方法还是通过改变输入执行元件的流量来达到调速的目的。目前，液压系统中常用的调速方式有以下 3 种：

（1）节流调速　用定量泵供油，由流量控制阀改变输入执行元件的流量来调节速度。其主要优点是速度稳定性好；主要缺点是节流损失和溢流损失较大、发热大、效率较低。

（2）容积调速　通过改变变量泵或（和）变量马达的排量来调节速度。其主要优点是无节流损失和溢流损失、发热较小、效率较高；其主要缺点是速度稳定性较差。

（3）容积节流调速　用能够自动改变流量的变量泵与流量控制阀联合来调节速度。其主要优点是有节流损失、无溢流损失、发热较低、效率较高。

1. 节流调速回路

这种调速回路的优点是结构简单、工作可靠、造价低和使用维护方便，因此在机床液压系统中得到广泛应用。其缺点是能量损失大，效率低、发热大，故一般多用于小功率系统中，如机床的进给系统。按流量控制阀在液压系统中设置位置的不同，节流调速回路可分为进油、回油和旁路 3 种。

（1）进油节流调速回路　这种调速回路是将流量控制阀设置在执行元件的进油路上，如图7-7 所示。由于节流阀串接在电磁换向阀前，所以活塞的往复运动均属于进油节流调速过程；也可用单向节流阀串接在换向阀和液压缸进油

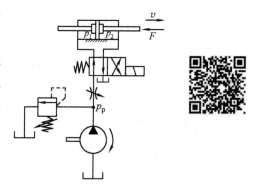

图 7-7　进油节流调速回路

腔的油路上，以实现单向进油节流调速。对于进油节流调速回路，因节流阀和溢流阀是并联的，故通过调节节流阀阀口的大小，便能控制进入液压缸的流量（多余油液经溢流阀溢回油箱）而达到调速目的。

根据进油节流调速回路的特点，节流阀进油节流调速回路适用于低速、轻载、负载变化不大和对速度稳定性要求不高的场合。

（2）回油节流调速回路　这种调速回路是将流量控制阀设置在执行元件的回油路上，如图7-8所示。由于节流阀串接在电磁换向阀与油箱之间的回油路上，所以活塞的往复运动都属于回油节流调速过程。通过用节流阀调节液压缸的回油流量来控制进入液压缸的流量，因此同进油节流调速一样可达到调速目的。

节流阀回油节流调速回路也具备前述进油节流调速回路的特点，但这两种调速回路因液压缸的回油腔压力存在差异，因此它们之间也存在不同之处，现比较如下：

1）对于回油节流调速回路，由于液压缸的回油腔中存在一定背压，因而能承受一定负值负载（即与活塞运动方向相同的负载，如铣床顺铣时的铣削力和垂直运动部件下行时的重力等），而进油节流调速回路，在负值负载作用下活塞的运动会因失控而超速前冲。

2）在回油节流调速回路中，由于液压缸的回油腔中存在一定背压，而且活塞运动速度越快，产生的背压就越大，故其运动平稳性较好；而在进油节流调速回路中，液压缸的回油腔中无此背压，因此其运动平稳性较差，若增加背压阀，则运动平稳性也可以得到提高。

3）在回油节流调速回路中，经过节流阀发热后的油液能够直接流回油箱并得以冷却，对液压缸泄漏的影响较小；而进油节流调速回路，通过节流阀发热后的油液直接进入液压缸，会导致泄漏量增加。

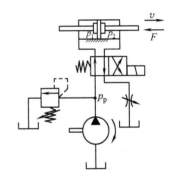

图7-8　回油节流调速回路

4）对于回油节流调速回路，在停车后，液压缸回油腔中的油液会由于泄漏而形成空隙，再次起动时，液压泵输出的流量将不受流量控制阀的限制而全部进入液压缸，使活塞出现较大的起动超速前冲；而对于进油节流调速回路，因进入液压缸的流量总是受到节流阀的限制，故起动冲击小。

5）对于进油节流调速回路，比较容易实现压力控制过程，当运动部件碰到死挡铁后，液压缸进油腔内的压力会上升到溢流阀的调定压力，利用这种压力的上升变化可使压力继电器发出电信号；而回油节流调速回路，液压缸进油腔内的压力变化很小，难以利用，即使在运动部件碰到死挡铁后，液压缸回油腔内的压力会下降到0，利用这种压力下降变化也可使压力继电器发出电信号，但实现这一过程所采用的电路结构复杂、可靠性低。

此外，对单杆活塞式液压缸来说，无杆腔进油节流调速可获得较有杆腔回油节流调速低的速度和大的调速范围；有杆腔回油节流调速，在轻载时回油腔内的背压可能比进油腔内的压力要高出许多，从而引起较大的泄漏。

（3）旁路节流调速回路　这种调速回路是将流量控制阀设置在与执行元件并联的支路上，如图7-9所示。用节流阀来调节流回油箱的油液流量，以实现间接控制进入液压缸的流量，进而达到调速目的。回路中溢流阀处于常闭状态，可以起到安全保护的作用，故液压泵的供油压力随负载变化而变化。

旁路节流调速适用于负载变化小和对运动平稳性要求不高的高速大功率场合。应注意的是，在这种调速回路中，液压泵的泄漏对活塞运动的速度有较大影响，而在进油和回油节流调速回路中，液压泵的泄漏对活塞运动的速度影响则较小，因此这种调速回路的速度稳定性比前两种回路都低。

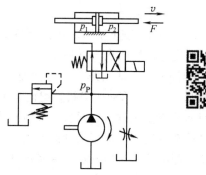

图7-9　旁路节流调速回路

（4）节流调速回路工作性能的改进　使用节流阀的节流调速回路，其速度稳定性都比较低，在变负载下的运动平稳性也较差，这主要是由于负载变化引起节流阀前、后压力差变化而产生的后果。如果用调速阀代替节流阀，调速阀中的定差减压阀可使节流阀前、后压力差保持基本恒定，所以可以提高节流调速回路的速度稳定性和运动平稳性，但工作性能的提高是以加大流量控制阀前、后压力差为代价的（调速阀前、后压力差一般最小应有 0.5MPa，高压调速阀应有 1.0MPa），故功率损失较大，效率较低。调速阀节流调速回路在机床及低压小功率系统中已得到广泛应用。

2. 容积调速回路

这种调速回路的特点是液压泵输出的油液都直接进入执行元件，没有溢流和节流损失，因此效率高、发热小，适用于大功率系统中，但是这种调速回路需要采用结构较复杂的变量泵或变量马达，故造价较高，且维修也较困难。

容积调速回路按油液循环方式不同可分为开式和闭式两种。开式回路的液压泵从油箱中吸油并供给执行元件，执行元件排出的油液直接返回油箱，油液在油箱中可得到很好地冷却并使杂质得以充分沉淀，油箱体积大，空气也容易侵入回路而影响执行元件的运动平稳性。闭式回路的液压泵将油液输入执行元件的进油腔中，又从执行元件的回油腔处吸油，油液不一定都经过油箱而直接在封闭回路内循环，从而减少了空气侵入的可能性，但为了补偿回路的泄漏和执行元件进、回油腔之间的流量差，必须设置补油装置。

根据液压泵与执行元件的组合方式的不同，容积调速回路有三种组合形式：变量泵-定量马达（或液压缸）、定量泵-变量马达、变量泵-变量马达。

（1）变量泵-定量马达（或液压缸）容积调速回路　图7-10a 所示为变量泵-液压缸开式容积调速回路，图7-10b 所示为变量泵-定量马达闭式容积调速回路。这两种调速回路都是利用改变变量泵的输出流量来调节速度的。

在图7-10a 中，溢流阀3 作安全阀使用，换向阀4 用来改变活塞的运动方向，活塞的运动速度是通过改变泵1 的输出流量来调节的，单向阀2 在变量泵1 停止工作时可以防止系统中的油液和空气浸入。

在图7-10b 中，为补充封闭回路中的泄漏而设置了补油装置。辅助泵5（辅助泵5 的流量一般为变量泵7 最大流量的 10% ~ 15%）将油箱中经过冷却的油液输入到封闭回路中，同时溢流阀10 溢出定量马达9 排出的多余热油，从而起到稳定低压管路压力和置换热油的作用，由于变量泵7 吸油口处具有一定的压力，所以可避免空气侵入和出现空穴现象。封闭回路中的高压管路上连有溢流阀，可起到安全阀的作用，以防止系统出现过载，单向阀6在系统停止工作时可以起到防止封闭回路中油液和空气侵入的作用。定量马达9的转速是通过改变泵7的输出流量来调节的。

这种容积调速回路，液压泵的转速和液压马达的排量都为常数，液压泵的供油压力随负载增加而升高，其最高压力由安全阀来限制。这种容积调速回路中马达（或缸）的输出速度、输出的最大功率都与变量泵的排量成正比，输出的最大转矩（或推力）恒定不变，故称这种回路为恒转矩（或推力）调速回路，由于其排量可调得很小，因此其调速范围较大。

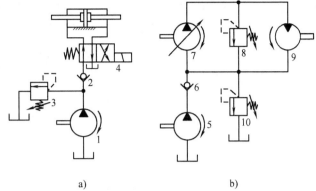

a)　　　　　　　　b)

图7-10　变量泵-定量马达（或液压缸）容积调速回路
a) 变量泵-液压缸开式容积调速回路
b) 变量泵-定量马达闭式容积调速回路
1、7—变量泵　2、6—单向阀　3、8、10—溢流阀
4—换向阀　5—轴助泵　9—定量马达

（2）定量泵-变量马达容积调速回路　将图7-10b 中的变量泵7换成定量泵，定量马达置换成变量马达即构成这种回路。在这种调速回路中，液压泵的转速和排量都为常数，液压泵的最高供油压力同样由溢流阀来限制。该调速回路中马达能输出的最大转矩与变量马达的排量成正比，马达转速与其排量成反比，能输出的最大功率恒定不变，故称这种回路为恒功率调速回路。马达的排量因受到拖动负载能力和机械强度的限制而不能调得太小，相应其调速范围也较小，且调节起来很不方便，因此这种调速回路目前很少单独使用。

（3）变量泵-变量马达容积调速回路　如图7-11所示，回路中元件对称设置，双向变量泵2可以实现正反向供油，相应双向变量马达10能够实现正反向转动。同样调节泵2和马达10的排量也可以改变马达的转速。泵2正向供油时，上管路3是高压管路，下管路11是低压管路，马达10正向旋转，阀7作为安全阀可以防止马达正向旋转时系统出现过载现象，此时阀6不起任何作用，辅助泵1经单向阀5向低压管路补油，此时另一单向阀4则处于关闭状态。液动换向阀8在高、低压管路压力差大于一定数值（如0.5MPa）时，液动换向阀阀芯下移。低压管路与溢流阀9接通，则有马达10排出的多余热油经阀9溢出（阀12的调定压力应比阀9高），此时泵1供给的冷油被置换成热油；当高、低压管路压力差很小（马达的负载小，油液的温升也小）时，阀8处于中位，泵1输出的多余油液则从溢流阀12溢回油箱，只补偿封闭回路中存在的泄漏，而不置换热油。此外，溢流阀9和12也具有保障泵2吸油口处具有一定压力而避免空气侵入和出现空穴现象的功能，单向阀4和5在系统停止工作时可以防止封闭回路中的油液流空和空气侵入。

当泵2反向供油时，上管路3是低压管路，下管路11是高压管路。马达10反向转动，阀6作为安全阀使用，其他各元件的作用与上述过程类似。

变量泵-变量马达容积调速回路是恒转矩调速和恒功率调速的组合回路。由于许多设备在低速运行时要求有较大的转矩，而在高速时又希望输出功率能基本保持不变，因此调速时通常先将马达的排量调至最大并固定不变(以使马达在低速时能获得最大输出转矩)，通过增大泵的排量来提高马达的转速，这时马达能输出的最大转矩恒定不变，属恒转矩调速；若泵的排量调至最大后,还需要继续提高马达的转速,可以使泵的排量固定在最大值,而采用减小马达排量的办法来实现马达速度的继续升高,这时马达能输出的最大功率恒定不变,属恒功率调速。这种调速回路具有较大的调速范围,且效率较高,故适用于大功率和调速范围要求较大的场合。

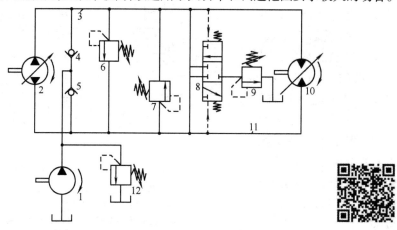

图 7-11　变量泵-变量马达容积调速回路

1—辅助泵　2—双向变量泵　3—上管路　4、5—单向阀
6、7、9、12—溢流阀　8—换向阀　10—双向变量马达　11—下管路

在容积调速回路中,泵的工作压力是随负载变化而变化的。而泵和执行元件的泄漏量随工作压力的升高而增加。由于受到泄漏的影响,这将使液压马达(或液压缸)的速度随着负载的增加而下降,速度稳定性变差。

3. 容积节流调速回路

容积调速虽然具有效率高、发热小的优点,但执行元件的速度却因受泄漏的影响而随负载变化,尤其在低速运行时速度稳定性更差。如果液压系统既要求有较高的效率,又要求有较好的速度稳定性,那么可采用容积节流调速回路,如图 7-12a 所示(图中的调速阀也可设置在回油路上)。限压式变量泵输出的油液经调速阀进入液压缸左腔中,液压缸右腔的油液经背压阀返回油箱,通过调节调速阀可以改变进入液压缸的流量 q,泵的供油量 q_p 会自动地与 q 相适应,这一点可用图 7-12b 所示的特性曲线来说明。曲线 1 是限压式变量泵的特性曲线,曲线 2 为空载(进油腔压力 $p_1 = 0$)时调速阀在一定开口面积下的特性曲线,此时泵的供油压力即为调速阀两端的压力差,Δp_{1min} 是调速阀正常工作时所必需的最小压力差;如果液压缸进油腔因负载及背压阀而形成压力 p_1 时,则泵的供油压力 p_P 必须超过 p_1 后才能在调速阀两端形成压力差 Δp_1。因此,当液压缸进油腔内的压力为 p_1 时,调速阀的特性曲线应是曲线 2′向右平移 p_1 后形成的曲线 2;曲线 1 和 2 的交点 D 即为回路的工作点($q_p = q$),调速阀的进油口压力与泵的供油压力 p_P 相同。若关小调速阀,曲线 2 向下移位(如图中点划线所示),工作点由 D 点变成了 D′点,回路处于新的工况下工作,这是因为关小调速阀就使通过它的流量 q 减小,于是出现 $q_P > q$,而回路中又无溢流阀,多余油液必然使泵和调速阀间的油路压力升高,从而使泵的供油量 q_P 沿曲线 1 减小至 $q_P = q$;开大调速阀,曲线 2 则向上移位(如图中双点划线所示),工作点由 D 点变到 D″点,这是因为开大调速阀就使能通过它的流量 q 增大,油液通过调速阀的阻力减小,相应泵的供油压力会降低,从而使泵的供油量 q_P 沿曲线 1 增大至 $q_P = q$,负载变化引起液压缸进油腔压力 p_1 变化时,曲线 2 则沿着横坐标左右平移，在调速阀两端形成的压力差 Δp_1 相应变化，但与曲线 1 的交点仍保持不变，这说明进入液压缸的流量不受负载变化的影响，故速度稳定性好。

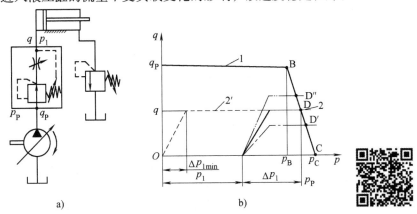

图 7-12　限压式变量泵-调速阀容积节流调速回路
a）调速回路　b）特性曲线

应注意的是，在调整泵的特性曲线 1 时，务必要使曲线 1 的 BC 段与曲线 2 的水平段相交，否则在负载变化时就不能保证速度稳定和通过调速阀进行调速。

如果系统需要采用死挡铁停留，利用接在进油路调速阀后的压力继电器发出电信号，则泵的供油压力 p_P 应调得高一些（工作进给时进油腔压力为 p_1，死挡铁停留后进油腔压力升为 p_P），以保证压力继电器动作的可靠性。

若要想通过换向阀短接调速阀而实现快速移动，则泵的限定压力 p_B 应高于快速移动时所需的压力。否则，快速移动时的速度会随负载变化而变化。

这种调速回路的特点是速度稳定性好，且泵的供油量能自动与调速阀调节的流量相适应，只有节流损失，没有溢流损失。当负载最大时，Δp_1 一般为 Δp_{1min}（通常是 0.5MPa），随着负载减小，Δp_1 增大，其节流损失也就增大，相应效率降低。因此，这种调速回路不宜用于负载变化大且大部分时间在低负载下工作的场合。

二、快速回路

快速回路的功能是使执行元件在空行程时获得尽可能大的运动速度，以提高生产效率。根据公式 $v = q/A$ 可知，对于液压缸来说，增加进入液压缸的流量就能提高液压缸的运动速度。

图 7-13 所示为单活塞杆缸差动连接快速回路。二位三通电磁换向阀处于图示位置时，单活塞杆缸差动连接，液压缸的有效工作面积等效为 $A_1 - A_2$，活塞将快速向右运动；电磁换向阀通电时，单活塞杆缸为非差动连接，其有效工作面积为 A_1。这说明单活塞杆缸差动连接增速的实质是因为缩小了液压缸的有效工作面积。这种回路的特点是简单、经济，但只能实现一个方向的增速，且增速受液压缸两腔有效工作面积的限制，增速的同时液压缸的推力会减小。

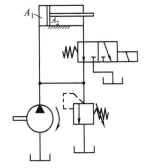

图 7-13　单活塞杆缸差动连接快速回路

图 7-14 所示为双泵并联快速回路。高压小流量泵 1 的流量按执行元件最大工作进给速度的需要来确定，工作压力的大小由溢

流阀 5 调定，低压大流量泵 2 主要起增速作用，它和泵 1 的流量加在一起应满足执行元件快速运动时所需的流量要求。液控顺序阀 3 的调定压力应比快速运动时最高工作压力高 0.5 ~ 0.8MPa，快速运动时，由于负载较小，系统压力较低，则阀 3 处于关闭状态，此时泵 2 输出的油液经单向阀 4 与泵 1 汇合在一起进入执行元件，以实现快速运动；若需要工作进给运动时，则系统压力升高，阀 3 打开，泵 2 卸荷，阀 4 关闭，此时仅由泵 1 向执行元件供油，实现工作进给运动。这种回路的特点是效率高、功率利用合理，能实现比最大工作进给速度大得多的快速功能。

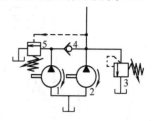

图 7-14　双泵并联快速回路
1—高压小流量泵　2—低压大流量泵　3—液控顺序阀　4—单向阀　5—溢流阀

图 7-4 所示的夹紧回路也是一种快速回路。当电磁铁 1YA 与 2YA 都断电（或 1YA 通电，但工件已被夹紧）时，液压泵 1 经单向阀 2 向蓄能器 4 充油，当蓄能器中油液的压力达到压力继电器 6 的动作压力时，电磁铁 3YA 通电而使电磁换向阀 5 上位接入油路，液压泵 1 开始卸荷；当 1YA（或 2YA）通电时，电磁换向阀 7 右位（或左位）接入回路，液压泵 1 和蓄能器 4 共同向液压缸供油，实现短时快速运动，蓄能器 4 起到增速作用。这种回路适用于短期要求快速的场合，能以较小流量的泵提供快速运动，功率利用合理，但系统在一个工作循环内必须有足够的停歇时间，以使泵能完成对蓄能器的充油工作。

三、换速回路

换速回路是指执行元件实现运动速度的切换。根据换速回路切换前后速度相对快慢的不同，换速回路可分为快速-慢速和慢速-慢速切换两大类。

1. 快速-慢速切换回路

图 7-15 所示为一种采用行程阀的快速-慢速切换回路。电磁换向阀左位和行程阀下位接入回路（图示状态）时，液压缸活塞将快速向右运动，当活塞移动至使挡块压下行程阀时，行程阀

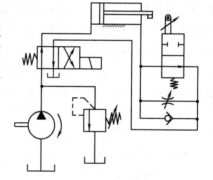

图 7-15　用行程阀的快速-慢速切换回路

关闭，液压缸的回油必须通过节流阀，活塞的运动切换成慢速状态；当换向阀右位接入回路时，液压油经单向阀进入液压缸右腔，活塞快速向左运动。这种回路的特点是快速-慢速切换比较平稳，切换点准确，但不能任意布置行程阀的安装位置。

如将图 7-15 中的行程阀改为电磁换向阀，并通过挡块压下电气行程开关来控制电磁换向阀工作，也可实现上述快速-慢速自动切换过程，而且可以灵活地布置电磁换向阀的安装位置，只是切换的平稳性和切换点的准确性要比用行程阀时差。

2. 慢速-慢速切换回路

图 7-16 所示为串联调速阀慢速-慢速切换回路。当电磁铁 1YA 通电时，液压油经调速阀 1 和二位二通电磁换向阀进入液压缸左腔，此时调速阀 2 被短接，活塞运动速度可由调速阀 1 来控制，实现第一种慢速；若电磁铁 1YA 和 3YA 同时通电，则液压油先经调速阀 1，再经调速阀 2 进入液压缸左腔，活塞运动速度由调速阀 2 控制，实现第二种慢速（调速阀 2 的通流面积必须小于调速阀 1）；当电磁铁 2YA 通电后，液压油进入液压缸右腔，液压缸左腔

油液经单向阀流回油箱，实现快速退回。这种切换回路因慢速-慢速切换平稳，在机床上应用较多。

图 7-17a 所示为并联调速阀慢速-慢速切换回路。当电磁铁 1YA 通电时，液压油经调速阀 1 和二位三通电磁换向阀进入液压缸左腔，实现第一种慢速；当电磁铁 1YA 和 3YA 同时通电时，液压油经调速阀 2 和二位三通电磁换向阀进入液压缸左腔，实现第二种慢速。这种切换回路，在调速阀 1 工作时，调速阀 2 的通路被切断，相应阀 2 前后两端（a、b）的压力相等，则阀 2 中的定差减压阀口全开，在二位三通电磁换向阀切换瞬间，b 点压力突然下降，在压力减为 0 且阀口还没有关小前，阀 2 中节流阀前、后压力差的瞬时值较大，相应瞬时流量也很大，造成瞬时活塞快速前冲现象。同样，当阀 1 由断开接入工作状态时，也会出现上述现象。

为了避免并联调速阀换速回路出现瞬时快速前冲现象，可将二位三通换向阀换为二位五通换向阀，如图 7-17b 所示。在调速阀 1 工作时，调速阀 2 仍有油液通过（流回油箱），这时阀 2 前、后保持较大的压力差，阀 2 中的定差减压阀口较小，在二位五通换向阀切换瞬间，不会造成阀 2 中节流阀前、后压力差的瞬时增大，因此克服了瞬时快速前冲现象，速度切换较平稳。此外，还可通过电液比例流量控制阀和电液数字流量控制阀来实现无级切换过程。

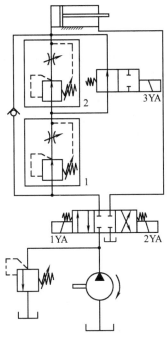

图 7-16 串联调速阀慢速-
慢速切换回路
1、2—调速阀

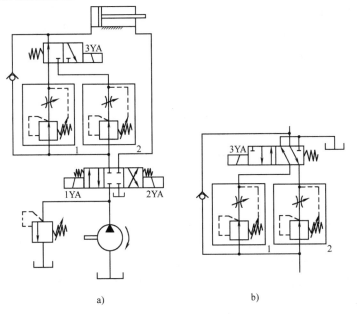

a) b)

图 7-17 并联调速阀慢速-慢速切换回路
a) 二位三通换向阀回路 b) 二位五通换向阀
1、2—调速阀

第三节 方向控制回路

方向控制回路是控制执行元件的起动、停止及换向的回路。这类回路包括换向和锁紧两种基本回路。

一、换向回路

换向回路的功能是可以改变执行元件的运动方向。一般可采用各种换向阀来实现，在闭式容积高速回路中也可利用双向变量泵实现换向过程。用电磁换向阀来实现执行元件的换向最为方便，但因电磁换向阀的动作快，换向时有冲击，故不宜用于频繁换向。采用电液换向阀换向时，虽然其液动换向阀的阀芯移动速度可调节，换向冲击较小，但仍不能适用于频繁换向的场合。即使这样，由电磁换向阀构成的换向回路仍是应用最广泛的一种回路，尤其是在自动化程度要求较高的组合液压系统中被普遍采用。这种换向回路曾多次出现于前面所提及的许多回路中，这里不再赘述。

机动换向阀可进行频繁换向，且换向可靠性较好（这种换向回路中执行元件的换向过程，是通过工作台侧面固定的挡块和杠杆直接作用使换向阀来实现换向的，而电磁换向阀换向，需要通过电气行程开关、继电器和电磁铁等中间环节），但机动换向阀必须安装在执行元件附近，不如电磁换向阀安装灵活。

二、锁紧回路

锁紧回路的功能是使执行元件停止在规定的位置上，且能防止因受外界影响而发生漂移或窜动。

通常采用 O 型或 M 型中位机能的三位换向阀构成锁紧回路，当接入回路时，执行元件的进、出油口都被封闭，可将执行元件锁紧不动。这种锁紧回路由于受到换向阀泄漏的影响，执行元件仍可能产生一定漂移或窜动，锁紧效果较差。

图 7-18 所示为由两个液控单向阀组成的锁紧回路。活塞可以在行程中的任何位置停止并锁紧，其锁紧效果只受液压缸泄漏量的影响，因此其锁紧效果较好。

采用液压锁的锁紧回路，换向阀的中位机能应使液压锁的控制油液卸压（即换向阀应采用 H 型或 Y 型中位机能），以保证换向阀中位接入回路时，液压锁能立即关闭，活塞停止运动并锁紧。假如采用 O 型中位机能的换向阀，换向阀处于中位时，由于控制油液仍存在一定的压力，液压锁不能立即关闭，直至由于换向阀泄漏使控制油液压力下降到一定值后，液压锁才能关闭，这就降低了锁紧效果。

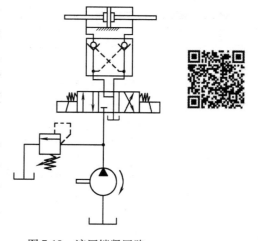

图 7-18 液压锁紧回路

第四节　多缸工作控制回路

多缸工作控制回路是由一个液压泵驱动多个液压缸配合工作的回路。这类回路常包括顺序动作、同步和互不干扰等回路。

一、顺序动作回路

顺序动作回路的功能是使多个液压缸按照预定顺序依次动作。这种回路常用的控制方式有压力控制和行程控制两类。

1. 压力控制的顺序动作回路

利用油路本身的压力变化来控制多个液压缸顺序动作。常用压力继电器和顺序阀来控制多个液压缸顺序动作。

图 7-19 所示为用顺序阀控制的顺序动作回路。单向顺序阀 4 用来控制两液压缸向右运动的先后次序，而单向顺序阀 3 是用来控制两液压缸向左运动的先后次序的。当电磁换向阀未通电时，液压油进入液压缸 1 的左腔和阀 4 的进油口，缸 1 右腔中的油液经阀 3 中的单向阀流回油箱，缸 1 的活塞向右运动，而此时进油路压力较低，阀 4 处于关闭状态；当缸 1 的活塞向右运动到行程终点碰到死挡铁，进油路压力升高到阀 4 的调定压力时，阀 4 打开，液压油进入液压缸 2 的左腔，缸 2 的活塞向右运动；

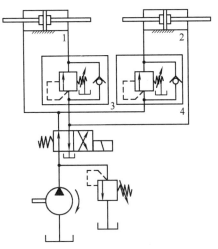

图 7-19　用顺序阀控制的顺序动作回路
1、2—液压缸　3、4—单向顺序阀

当缸 2 的活塞向右运动到行程终点后，其挡铁压下相应的电气行程开关（图中未画出）而发出电信号时，电磁换向阀通电而换向，此时液压油进入缸 2 的右腔和阀 3 的进油口，缸 2 左腔中的油液经阀 4 中的单向阀流回油箱，缸 2 的活塞向左运动；当缸 2 的活塞向左到达行程终点碰到死挡铁后，进油路压力升高到阀 3 的调定压力时，阀 3 打开，缸 1 的活塞向左运动。若缸 1 和 2 的活塞向左运动无先后顺序要求，可将阀 3 省去。

图 7-20 所示为用压力继电器控制的顺序动作回路。压力继电器 1KP 用于控制两液压缸向右运动的先后顺序，压力继电器 2KP 用于控制两液压缸向左运动的先后顺序。当电磁铁 2YA 通电时，换向阀 3 右位接入回路，液压油进入液压缸 1 左腔并推动活塞向右运动；当缸 1 的活塞向右运动到行程终点而碰到死挡铁时，进油路压力升高而使压力继电器 1KP 动作发出电信号，相应电磁铁 4YA 通电，换向阀 4 右位

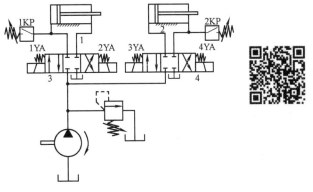

图 7-20　用压力继电器控制的
顺序阀动作回路
1、2—液压缸　3、4—顺序阀

接入回路，液压缸2的活塞向右运动；当缸2的活塞向右运动到行程终点，其挡铁压下相应的电气行程开关而发出电信号时，电磁铁4YA断电而3YA通电，阀4换向，缸2的活塞向左运动；当缸2的活塞向左运动到行程终点碰到死挡铁时，进油路压力升高而使压力继电器2KP动作发出电信号，相应3YA断电而1YA通电，阀3换向，缸1的活塞向左运动。为了防止压力继电器发生误动作，压力继电器的动作压力应比先动作的液压缸最高工作压力高0.3～0.5MPa，但应比溢流阀的调定压力低0.3～0.5MPa。

　　这种回路适用于液压缸数目不多、负载变化不大和可靠性要求不太高的场合。当运动部件卡住或压力脉动变化较大时，误动作不可避免。

　　2. 行程控制顺序动作回路

　　行程控制顺序动作回路是利用运动部件到达一定位置时会发出信号来控制液压缸顺序动作的回路。

　　图7-21所示为用电气行程开关控制的顺序动作回路。当电磁铁1YA通电时，液压缸1的活塞向左运动；当缸1的挡块随活塞左行到行程终点并触动电气行程开关1ST时，电磁铁2YA通电，液压缸2的活塞向左运动；当缸2的挡块随活塞左行至行程终点并触动电气行程

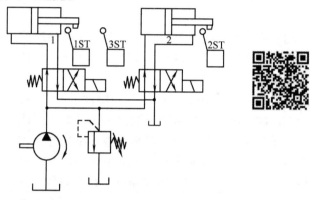

图7-21　用电气行程开关控制的顺序动作回路
1、2—液压缸

开关2ST时，电磁铁1YA断电，换向阀开始换向，缸1的活塞向右运动；当缸1的挡块触动电气行程开关3ST时，电磁铁2YA断电，换向阀换向，缸2的活塞向右运动。这种顺序动作回路的可靠性取决于电气行程开关和电磁换向阀的质量，变更液压缸的动作行程和顺序都比较方便，且可利用电气互锁来保证动作顺序的可靠性。

二、同步回路

　　同步回路的功能是使多个液压缸在运动中保持相同的位置或速度。在多缸液压系统中，尽管各液压缸的有效工作面积和输入流量相同，但由于液压缸存在制造误差或所受负载不均衡，均会导致各液压缸的泄漏量也不相同，这样就会使各液压缸不能保持同步动作。同步回路可摆脱这些的影响，消除累积误差而保证同步运行。

　　图7-22所示为串联液压缸同步回路。电磁铁2YA通电时，换向阀4左位接入回路，液压缸1和2的活塞向下运行，当缸1的活塞先到达行程端点，其挡块触动电气行程开关1ST时，电磁铁3YA通电，换向阀3右位接入回路，液压油经液控单向阀进入缸2上腔进行补油，使缸2的活塞能继续下行到达行程端点而消除位置误差；若缸2的活塞先到达行程端点，其挡块触动电气行程开关2ST时，电磁铁4YA通电，换向阀3左位接入回路，液控单向阀打开，缸1的下腔与油箱接通，使缸1的活塞能继续下行到达行程端点而消除位置误差。

　　图7-23所示为电液比例调速阀同步回路。该回路中采用了一个普通调速阀3和一个电液比例调速阀4，它们设置在由单向阀组成的桥式回路中，并分别控制液压缸1和2的速度。当两个活塞出现位置误差时，检测装置（图中未画出）就会发出信号，自动控制电液比例调速阀4通流面积的大小，进而使缸2的活塞随着缸1活塞的运动而实现同步运动。这

种回路的同步精度高，位置误差可控制在 0.5mm 以内，已能满足大多数工作部件同步精度的要求。电液比例阀在性能上虽比不上伺服阀，但其费用低、对环境适应性强，因此，用它来实现同步控制被认为是一个新的发展方向。

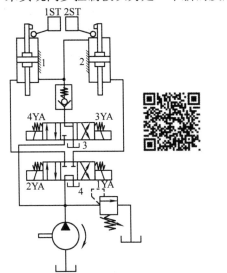

图 7-22　串联液压

缸同步回路

1、2—液压缸

3、4—换向阀

图 7-23　电液比例调速阀同步回路

1、2—液压缸　3—普通调速阀　4—电液比例调速阀

三、互不干扰回路

互不干扰回路的功能是使几个液压缸在完成各自的循环动作过程中彼此互不影响。在多缸液压系统中，往往由于其中一个液压缸快速运动，而造成系统压力下降，影响其他液压缸慢速运动的稳定性。因此，对于慢速要求比较稳定的多缸液压系统，需采用互不干扰回路，使各工作液压缸的工作压力互不影响。

图 7-24 所示为多缸快慢速互不干扰回路。图中各液压缸（仅示出两个液压缸）分别要完成快进、工进和快退的自动循环。回路采用双泵供油，高压小流量泵 1 提供各缸工进时所需的液压油，低压大流量泵 2 为各缸快进或快退时输送低压油，它们分别由溢流阀 3 和 4 调定供油压力。当电磁铁 1YA、3YA（或 2YA、4YA）未通电时，缸 13（或 14）左右两腔由三位五通电磁换向阀 7、11（或 8、12）连通，由泵 2 供油来实现差动快进过程，此时泵 1

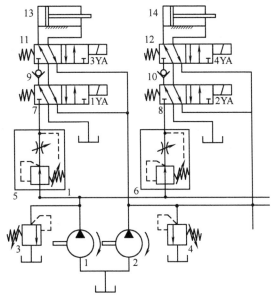

图 7-24　多缸快慢速互不干扰回路

1—高压小流量泵　2—低压大流量泵　3、4—溢流阀

5、6—调速阀　7、8、11、12—电磁换向阀

9、10—单向阀　13、14—液压缸

的供油路被阀 7（或 8）切断；当电磁铁 1YA、3YA（或 2YA、4YA）通电时，缸 13（或 14）由泵 1 经调速阀 5（或 6）供油实现工进过程，此时泵 2 的供油油路被阀 7、11（或 8、12）切断；当电磁铁 1YA（或 2YA）通电而 3YA（或 4YA）断电时，泵 1 的供油油路被阀 11（或 13）切断，泵 2 提供的低压油输入到缸 13（或 14）的右腔中以实现快退过程。由于快慢运动的供油油路彼此分开，当缸 13 在工进时，若缸 14 已由工进转为快退，也不会引起缸 13 工进油路中压力的下降，对缸 13 的慢速工进不会产生影响，即实现了多缸快慢速运动的互不干扰。

复习思考题

1. 什么液压基本回路？常见的液压基本回路有几类？各起什么作用？

2. 节流调速回路的种类和特点有哪些？

3. 在图 7-25 所示油路中，若溢流阀和减压阀的调定压力分别为 5.0MPa、2.0MPa，试分析活塞在运动期间和碰到死挡铁后，溢流阀进油口、减压阀出油口处的压力（主油路关闭不通，活塞在运动期间液压缸负载为 0，不考虑能量损失）。

4. 在图 7-26 所示回路中，顺序阀和溢流阀的调定压力分别为 3.0 MPa 与 5.0MPa，问：在下列情况下，A、B 两处的压力各等于多少？

（1）液压缸运动时，负载压力为 4.0MPa。

（2）液压缸运动时，负载压力为 1.0MPa。

（3）活塞碰到缸盖时。

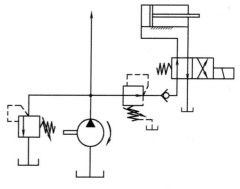

图 7-25 题 3 图

5. 试说明图 7-27 所示容积调速回路中单向阀 A 和 B 的功用（提示：从液压缸的进出流量大小不同来考虑）。

6. 图 7-28 所示回路能否实现"缸 1 先夹紧工件后，缸 2 再移动"的要求？为什么？夹紧缸的速度能否调节？为什么？

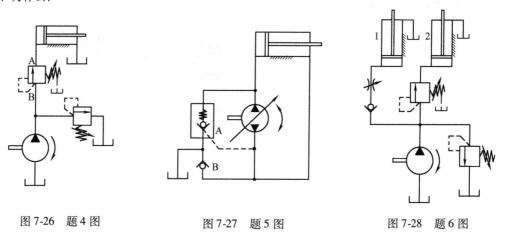

图 7-26 题 4 图   图 7-27 题 5 图   图 7-28 题 6 图

7. 如图 7-16 所示，串联调速阀实现的慢速-慢速切换方案有什么优缺点？图 7-17 所示并联调速阀实现的慢速-慢速切换方案有什么优缺点？

8. 在图 7-18 所示液压锁紧回路中，为什么要采用 H 型中位机能的三位换向阀？如果换成 M 型中位机能的换向阀，会有什么情况出现？

9. 在图 7-22 所示串联液压同步回路中，为什么要采用液动单向阀？如果换成普通单向阀会怎么样？三位四通换向阀 3 为什么要采用 Y 型中位机能？如果将它换成 O 型中位机能怎么样？

10. 如图 7-29 所示液回路，可以实现快进—工进—快退—停止的工作循环要求。

（1）说出图中标有序号的液压元件的名称。

（2）完成电磁铁动作顺序表（＋号表示电磁铁通电，－号表示电磁铁断电）。

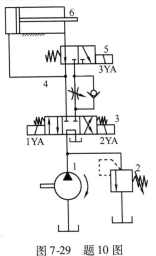

图 7-29　题 10 图

电磁铁动作顺序表

动　作	电磁铁		
	1YA	2YA	3YA
快进			
工进			
快退			
停止			

11. 绘出采用液控单向阀的锁紧回路，并说明该回路对换向阀中位机能的要求。

第八章

典型液压传动系统

液压系统在机床、工程机械、冶金、石化、航空、船舶等方面均有广泛的应用。液压系统是根据液压设备的工作要求，选用各种不同功能的基本回路构成的。液压系统一般用图形的方式来表示。液压系统图表示了系统内各类液压元件的连接情况以及执行元件实现各种运动的工作原理。本章介绍几个典型液压系统，通过对它们的分析，可以帮助读者了解典型液压系统的基本组成和工作原理，以加深对各种液压元件和基本回路的理解，增强综合应用能力。

对液压系统进行分析，最主要的就是阅读液压系统图。阅读一个复杂的液压系统图，大致可以按以下几个步骤进行：

1）了解机械设备的功用、工况及其对液压系统的要求和液压设备的工作循环。

2）初步阅读液压系统图，了解系统中包含哪些元件，根据设备的工况及工作循环，将系统分解为若干个子系统。

3）逐步分析各子系统，了解系统中基本回路的组成情况和各个元件的功用以及各元件之间的相互关系。根据执行机构的动作要求，参照电磁铁动作顺序表，搞清楚各个行程的动作原理及油路的流动路线。

4）根据系统中对各执行元件间的互锁、同步、防干扰等要求，分析各个子系统之间的联系以及如何实现这些要求。

5）在全面读懂液压系统图的基础上，根据系统所使用的基本回路的性能，对系统做出综合分析，归纳总结出整个液压系统的特点，以加深对液压系统的理解，为液压系统的调整、维护、使用打下基础。

第一节　组合机床动力滑台液压系统

一、概述

组合机床是一种高效率的专用机床，它由具有一定功能的通用部件（包括机械动力滑台和液压动力滑台）和专用部件组成，加工范围较广，自动化程度较高，多用于大批量生产中。液压动力滑台由液压缸驱动，根据加工需要可在滑台上配置动力头、主轴箱或各种专用的切削头等工作部件，以完成钻、扩、铰、铣、镗、刮端面、倒角、攻螺纹等加工工序，并可实现多种进给工作循环。图8-1所示为组合机床液压动力滑台的组成。

根据组合机床的加工特点，动力滑台液压系统应具备如下性能：

1）在变负载或断续负载的条件下工作时，能保证动力滑台的进给速度，特别是最小进给速度的稳定性。

2）能够承受规定的最大负载，并具有较大的工进调速范围，以适应不同工序的需要。

3）能够实现快速进给和快速退回。

4）效率高、发热少，并能合理利用能量以解决工进速度和快进速度之间的矛盾。

5）在其他元件的配合下可方便地实现多种工作循环。

二、YT4543 型动力滑台液压系统的工作原理

图 8-2 所示为 YT4543 型动力滑台液压系统的工作原理。该动力滑台要求进给速度范围为 $(0.11 \sim 11) \times 10^{-3}$ m/s，快速移动速度为 0.11m/s，最大进给力为 4.5×10^4N。该液压系统的动力元件和执行元件为限压式变量泵和单杆活塞式液压缸，系统中有换向回路、调速回路、快速运动回路、速度换接回路、卸荷回路等基本回路。回路的换向由电液换向阀完成，同时其中位机能具有卸荷功能，快速进给由液压缸的差动连接来实现，用限压式变量泵和串

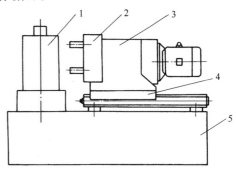

图 8-1 组合机床液压动力滑台的组成
1—夹具及工件 2—主轴箱 3—动力头 4—动力滑台 5—床身

联调速阀来实现二次进给速度的调节，用行程阀和电磁阀实现速度的换接。为了保证进给的尺寸精度，采用了死挡铁停留来限位。该系统能够实现的自动工作循环为：快进→一工进→二工进→死挡铁停留→快退→原位停止。该系统中电磁铁和行程阀的动作顺序见表 8-1。

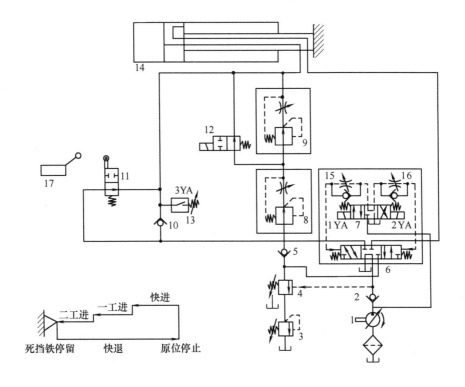

图 8-2 YT4543 型动力滑台液压系统的工作原理
1—液压泵 2、5、10—单向阀 3—背压阀 4—外控顺序阀 6—主液动换向阀 7—先导型电磁换向阀 8——工进调速阀 9—二工进调速阀 11—行程阀 12—电磁换向阀 13—压力继电器 14—液压缸 15、16—单向节流阀 17—行程开关

表 8-1 YT4543 型动力滑台液压系统中电磁铁和行程阀的动作顺序

工作循环	1YA	2YA	3YA	行程阀
快进	+	−	−	−
一工进	+	−	−	+
二工进	+	−	+	+
死挡铁停留	+	−	+	+
快退	−	+	−	+ −
原位停止	−	−	−	−

注：表中" + "表示电磁铁得电或行程阀被压下，" − "表示电磁铁失电或行程阀抬起，后同。

（1）快进 按下起动按钮，先导型电磁换向阀 7 的电磁铁 1YA 得电，使阀 7 左位工作，控制油液经阀 7 左位进入主液动换向阀 6 的左腔使其左位接入系统，泵 1 输出的油液经阀 6 左位进入液压缸 14 的左腔（无杆腔），因为此时为空载，系统压力不高，顺序阀 4 仍处于关闭状态，故液压缸右腔（有杆腔）排出的油液经阀 6 左位也进入了液压缸的无杆腔。这时液压缸 14 为差动连接，限压式变量泵输出流量最大，动力滑台实现快进。系统主油路中油液的流动路线为：

进油路：变量泵 1→单向阀 2→换向阀 6 左位→行程阀 11 下位→液压缸 14 左腔。

回油路：液压缸 14 右腔→换向阀 6 左位→单向阀 5→行程阀 11 下位→液压缸 14 左腔。

（2）一工进 当快进终了时，滑台上的挡块压下行程阀 11，行程阀上位工作，阀口关闭，这时液动换向阀 6 仍工作在左位，泵输出的油液通过阀 6 后只能经调速阀 8 和二位二通换向阀 12 右位进入液压缸 14 的左腔。由于油液经过调速阀而使系统压力升高，于是将外控顺序阀 4 打开，并关闭单向阀 5，液压缸差动连接的油路被切断，液压缸 14 右腔的油液只能经顺序阀 4、背压阀 3 流回油箱，这样就使滑台由快进转换为一工进。由于工作进给时系统压力升高，所以限压式变量泵的流量自动减小，滑台实现一工进，工进速度由调速阀 8 调节。其油路为：

进油路：变量泵 1→单向阀 2→换向阀 6 左位→调速阀 8→换向阀 12 右位→液压缸 14 左腔。

回油路：液压缸 14 右腔→换向阀 6 左位→顺序阀 4→背压阀 3→油箱。

（3）二工进 当一工进结束时，滑台上的挡块压下行程开关 17，发出电信号使电磁换向阀 12 的电磁铁 3YA 得电，阀 12 左位接入系统，切断了该阀所在的油路，经调速阀 8 的油液必须通过调速阀 9 进入液压缸 14 左腔。此时顺序阀 4 仍开启。由于调速阀 9 的阀口开口量小于调速阀 8，系统压力进一步升高，限压式变量泵的流量进一步减小，使得进给速度降低，滑台实现二工进。工进速度可由调速阀 9 调节。其油路为：

进油路：变量泵 1→单向阀 2→换向阀 6 左位→调速阀 8→调速阀 9→液压缸 14 左腔。

回油路：液压缸 14 右腔→换向阀 6 左位→顺序阀 4→背压阀 3→油箱。

（4）死挡铁停留 当二工进结束时，动力滑台与死挡铁相碰撞，液压缸停止不动。这时系统压力进一步升高，当达到压力继电器 13 的调定压力后，压力继电器动作，发出电信号给时间继电器。在时间继电器延时结束之前，动力滑台将停留在死挡铁限定的位置上，且停留期间系统的工作状态不变。停留时间可根据工艺要求由时间继电器来调定。设置死挡铁的作用是可以提高动力滑台行程的位置精度。

（5）快退　动力滑台停留时间结束后，时间继电器发出电信号，使先导型电磁换向阀7的电磁铁1YA失电，2YA得电，阀7的右位接入系统，控制油液经阀7右位进入主液动换向阀6的右腔使其右位工作，泵1输出的油液经阀6右位进入液压缸14的右腔，液压缸左腔排出的油液经阀6右位流回油箱，同时电磁换向阀12的电磁铁3YA失电。因动力滑台快退时负载较小，系统压力较低，限压式变量泵输出流量又自动恢复到最大，动力滑台实现快速退回过程。其油路为：

进油路：变量泵1→单向阀2→换向阀6右位→液压缸14右腔。

回油路：液压缸14左腔→单向阀10→换向阀6右位→油箱。

（6）原位停止　当动力滑台快退到原始位置时，挡块压下行程开关，这时电磁铁1YA、2YA、3YA都失电，先导型电磁换向阀7及主液动换向阀6都处于中位，液压缸14两腔被封闭，动力滑台停止运动，变量泵1通过换向阀6的中位卸荷。其油路为：变量泵1→单向阀2→换向阀6中位→油箱。

三、YT4543型动力滑台液压系统的特点

通过对YT4543型动力滑台液压系统的分析，可知该系统具有如下特点：

1）系统采用了由限压式变量泵和调速阀组成的进油路容积节流调速回路，这种回路能够使动力滑台得到稳定的低速运动和较好的速度负载特性，而且由于系统无溢流损失，系统效率较高。另外，回路中设置了背压阀，可以改善动力滑台运动的平稳性，并能使滑台承受一定的反向负载。

2）系统采用了限压式变量泵和液压缸的差动连接回路来实现快速运动，使能量的利用比较经济合理。动力滑台停止运动时，换向阀使液压泵在低压下卸荷，减少了能量损失。

3）系统采用行程阀和液控顺序阀实现快进与工进的速度换接，动作可靠，速度换接平稳。同时，调速阀可起到加载的作用，可在刀具与工件接触之前就能可靠地转入工作进给，因此不会引起刀具和工件的突然碰撞。

4）在行程终点采用了死挡铁停留，不仅提高了进给时的位置精度，还扩大了动力滑台的工艺范围，更适合于镗削阶梯孔、锪孔和锪端面等加工工序。

5）由于采用了调速阀串联的二次进油路节流调速方式，可使起动和速度换接时的前冲量较小，并便于利用压力继电器发出信号进行控制。

四、YT4543型动力滑台液压系统的调整

1.限压式变量泵的调整

限压式变量泵有两种调整方法，分别为在试验台上调整和在机床上调整。

（1）在试验台上调整

1）准备工作：

①将被调整的液压泵连接到试验台上，如图8-3所示。

②绘制被调整的液压泵的压力-流量特性曲线ABC，如图8-4所示。

③确定系统快进和工进时的压力与流量的值，即$p_快$、$q_快$和$p_工$、$q_工$，这些数值可根据系统

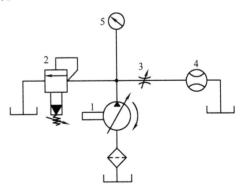

图8-3　限压式变量泵的调整试验
1—限压式变量泵　2—溢流阀
3—节流阀　4—流量计　5—压力表

的工艺要求计算得到或按同类工况类比确定。

2）确定泵的实际压力-流量特性曲线：根据得到的 $p_快$、$q_快$ 和 $p_工$、$q_工$ 值，在图 8-4 上确定出 k 点和 g 点，通过 k 点和 g 点分别作出 AB 的平行线 A′B′ 和 BC 的平行线 B′C′，两线交于 B′ 点，曲线 A′B′C′ 即为泵的实际压力-流量特性曲线。

3）系统的调整：

①将图 8-3 中所示的溢流阀 2 的压力调至高于泵额定压力的 15%，作为系统的安全压力。

②将限压式变量泵的限压弹簧调松，打开节流阀 3 的阀口至最大，起动限压式变量泵，然后调节泵的输出流量，使之等于 $q_快$。

③将节流阀 3 关闭，然后调紧泵的限压弹簧，直至泵的工作压力达到 p_{max} 为止。

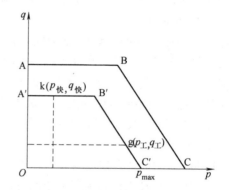

图 8-4　限压式变量泵压力-流量特性

④逐步打开节流阀 3，使泵的压力降低为 $p_工$，然后测量泵的流量是否等于 $q_工$，若不满足要求，可反复微调泵的限压弹簧，直至流量符合要求为止。

（2）在机床上调整

1）快进流量 $q_快$ 的调节。起动液压泵，并使动力滑台处于快进状态，适当调紧泵的限压弹簧以保证系统具有足够的推力，然后调节泵的流量以使快进速度符合工艺要求。

2）最大工作压力 p_{max} 的调节。使动力滑台处于停止状态，起动液压泵，调紧泵的限压弹簧，直至泵的工作压力达到 p_{max} 为止。

3）工进流量 $q_工$ 的调节。使动力滑台处于工进状态，调节调速阀的开度，直至达到工进所要求的速度。若在调速阀的调整范围内无法达到工进速度，可通过适当调紧泵的限压弹簧来配合调速阀的调整，直至达到所要求的稳定的工进速度为止。

2. 电液换向阀换向速度的调整

为了减小换向回路换向时的冲击，提高换向的平稳性，可通过调整换向阀两端的单向节流阀开口的大小，使换向速度降低来达到换向的平稳性。节流阀口开得越小，换向速度越低，换向越平稳。

3. 压力继电器的调整

压力继电器的作用是当工作行程结束时利用液压缸工作压力的变化来控制动力滑台的反向运动的。因此，压力继电器的调定压力应高于液压缸工作时的最高压力。为了防止压力继电器误动作，其调定压力一般应高于液压缸最高工作压力 0.3 ~ 0.5MPa。另外，为了能可靠地发出动作信号，其调定压力应比变量泵的最大压力 p_{max} 低 0.3 ~ 0.5MPa。

4. 液控顺序阀的调整

液控顺序阀的调定压力应高于快进时的系统压力，低于工进时的系统压力，以保证快进时顺序阀关闭，而工进时顺序阀打开。

第二节 液压机液压系统

一、概述

液压机常用于可塑性材料的压制加工，如冲压、弯曲、翻边、薄板拉伸等，也可用于校正、压装、塑料及粉末制品的压制成形工艺。液压机可以任意改变所施加压力及各行程速度的大小，因而能很好地满足各种压力加工工艺的要求。

液压机的种类很多，其中以四柱式最为典型。如图8-5所示，这种液压机由4个导向立柱、上、下横梁和滑块组成。在上、下横梁中安置着上、下两个液压缸，上液压缸为主缸，下液压缸为顶出缸。一般情况下，要求该液压机应能完成如下动作：

1) 上液压缸驱动滑块实现"快速下行→慢速加压→保压延时→快速返回→原位停止"的工作循环。

2) 下液压缸实现"向上顶出→停留→向下退回→原位停止"的工作循环。

3) 在进行薄板拉伸时，还需要利用顶出缸将坯料压紧，以实现浮动压边。

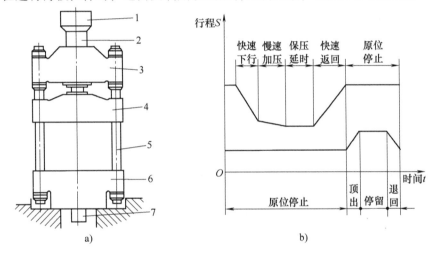

图8-5 液压机的组成及工作循环

a) 液压机的组成 b) 液压机工作循环

1—充液筒 2—上液压缸 3—上横梁 4—滑块

5—导向立柱 6—下横梁 7—顶出缸

液压机液压系统是以压力变换为主，流量较大的中、高压系统，一般工作压力范围为10~40MPa，有些高达100~150MPa。因此，要求其功率利用合理、工作平稳、安全可靠。

二、YB32—200型液压机液压系统的工作原理

图8-6所示为YB32—200型液压机液压系统的工作原理，其中电磁铁及预泄换向阀的动作顺序见表8-2。该系统由一个高压泵供油，控制油路中的液压油经主油路由减压阀4减压后得到，其工作情况如下：

（1）快速下行 电磁铁1YA得电，上缸先导阀5和上缸主换向阀6左位接入系统，液控单向阀11被打开，液压泵输出的油液通过顺序阀7和换向阀6左位进入上液压缸上腔，上液压缸下腔的油液则经液控单向阀11、上缸主换向阀6左位和下缸换向阀14中位流回油

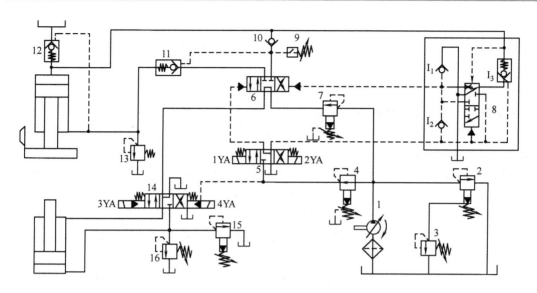

图 8-6　YB32—200 型液压机液压系统的工作原理

1—液压泵　2—泵站溢流阀　3—远程调压阀　4—减压阀　5—上缸先导阀　6—上缸主换向阀　7—顺序阀
8—预泄换向阀　9—压力继电器　10—单向阀　11、12—液控单向阀　13—上缸安全阀
14—下缸换向阀　15—下缸溢流阀　16—下缸安全阀

箱,这时上滑块在自重作用下快速下行。其油路为:

进油路:液压泵 1→顺序阀 7→上缸主换向阀 6 左位→单向阀 10→上液压缸上腔。

回油路:上液压缸下腔→液控单向阀 11→上缸主换向阀 6 左位→下缸换向阀 14 中位→油箱。

因上滑块在自重的作用下快速下滑,而液压泵的流量较小,所以液压机顶部充液筒中的油液经液控单向阀 12 也进入上液压缸上腔。

(2)慢速加压　上滑块在运行过程中接触到工件,这时上液压缸上腔压力升高,液控单向阀 12 关闭,加压速度便由液压泵的流量来决定,主油路的油液流动路线与快速下行时相同。

表 8-2　YB32—200 型液压机液压系统中电磁铁及预泄换向阀的动作顺序

		1YA	2YA	预泄换向阀	3YA	4YA
上滑块	快速下行	+	−	上位	−	−
	慢速加压	+	−	上位	−	−
	保压延时	−	−	上位	−	−
	泄压快速返回	−	+	下位	−	−
	原位停止	−	−	上位	−	−
下滑块	向上顶出	−	−	上位	−	+
	停留	−	−	上位	−	+
	向下退回	−	−	上位	+	−
	原位停止	−	−	上位	−	−

(3)保压延时　当系统中的压力升高到压力继电器 9 的调定压力时,压力继电器开始动作,使电磁铁 1YA 失电,上缸先导阀 5 和上缸主换向阀 6 处于中位,这时,上液压缸上腔中的油液被封死并保持高压状态,实现保压。保压时间的长短由时间继电器(图中未画

出）控制，可在 0～24min 内调节。在保压过程中液压泵处于低压卸荷状态，其油路为：

液压泵 1→顺序阀 7→上缸主换向阀 6 中位→下缸换向阀 14 中位→油箱。

（4）泄压快速返回 保压时间结束后，时间继电器发出信号，使电磁铁 2YA 得电。为防止系统由保压状态快速向快速返回状态切换而产生压力冲击并使上滑块动作不平稳，系统中设置了预泄换向阀 8，它的功用是在电磁铁 2YA 得电后，控制油液通过上缸先导阀 5 右位后只能在上液压缸上腔泄压后才能通过预泄换向阀 8 进入上缸主换向阀 6 右腔，使上缸主换向阀 6 换向。预泄换向阀 8 的动作过程如下：

在保压阶段，预泄换向阀 8 上位工作，当电磁铁 2YA 得电后，上缸先导阀 5 右位接入系统中，控制油液经上缸先导阀 5 右位同时作用在预泄换向阀 8 的下腔和液控单向阀 I_3 上，由于预泄换向阀 8 上腔高压未曾卸除，阀芯不动。而此时液控单向阀 I_3 则在控制油液的作用下打开，使上液压缸上腔的油液通过液控单向阀 I_3、预泄换向阀 8 上位流回油箱，使上液压缸上腔泄压。当压力卸除后，预泄换向阀 8 在控制油液的作用下换向，使其下位接入系统，切断上液压缸上腔泄压通道，同时使控制油液经预泄换向阀 8 下位进入上缸主换向阀 6 右腔，使其右位接入系统，泵输出的油液经该阀右位、液控单向阀 11 进入上液压缸下腔，使上滑块快速返回。其油路为：

进油路：液压泵 1→顺序阀 7→上缸主换向阀 6 右位→液控单向阀 11→上液压缸下腔。

回油路：上液压缸上腔→液控单向阀 12→充液筒。

上滑块在快速返回过程中，从回油路进入充液筒中的油液超过预定液位时，可从充液筒中的溢流管流回油箱。另外，上缸主换向阀 6 在由左位切换到右位的过程中，阀芯右腔由油箱经单向阀 I_1 补油，在由右位切换到中位的过程中，阀芯右腔的油液经单向阀 I_2 流回油箱。

（5）原位停止 当上滑块上升到预定高度时，挡块压下行程开关，电磁铁 2YA 失电，上缸先导阀 5 和上缸主换向阀 6 均处于中位，上液压缸停止运动，并在液控单向阀 11 和上缸安全阀 13 的支撑作用下处于平衡状态，此时液压泵在较低的压力下卸荷。

（6）下滑块顶出缸的顶出和返回 顶出缸向上顶出时，电磁铁 4YA 得电，下缸换向阀 14 右位接入系统，泵输出的油液经顺序阀 7、上缸主换向阀 6 中位和下缸换向阀 14 右位进入顶出缸下腔，其上腔油液则经下缸换向阀 14 右位流回油箱。其油路为：

进油路：液压泵 1→顺序阀 7→上缸主换向阀 6 中位→下缸换向阀 14 右位→顶出缸下腔。

回油路：顶出缸上腔→下缸换向阀 14 右位→油箱。

当顶出缸顶出到行程终点时，下滑块便处于停留状态。

顶出缸向下退回时，电磁铁 4YA 失电，3YA 得电，下缸换向阀 14 左位接入系统，泵输出的油液经顺序阀 7、上缸主换向阀 6 中位和下缸换向阀 14 左位进入顶出缸上腔，其下腔油液则经下缸换向阀 14 左位流回油箱。其油路为：

进油路：液压泵 1→顺序阀 7→上缸主换向阀 6 中位→下缸换向阀 14 左位→顶出缸上腔。

回油路：顶出缸下腔→下缸换向阀 14 左位→油箱。

当顶出缸退回到终点时，电磁铁 3YA、4YA 均失电，下缸换向阀 14 处于中位状态，下滑块原位停止，液压泵低压卸荷。

三、YB32—200 型液压机液压系统的特点

YB32—200 型液压机液压系统有以下特点：

1）系统中使用一台轴向柱塞式恒功率变量泵供油，最高工作压力由泵站溢流阀调定。

2）系统中顺序阀的调定压力为2.5MPa，从而使液压泵必须在2.5MPa的压力下卸荷，也使控制油路具有一定的工作压力（由减压阀调定为>2.0MPa）。

3）系统中采用了专用的预泄换向阀来实现上滑块快速返回前的泄压，保证动作平稳，防止换向时的液压冲击和噪声。

4）系统利用管道和油液的弹性变形来保压，方法简单，但对液控单向阀和液压缸等元件的密封性能要求较高。

5）系统中上、下两液压缸的动作协调由上、下两缸换向阀的互锁来保证，一个缸必须在另一个缸静止时才能动作。但在薄板拉伸时，为了实现"压边"工步，上液压缸活塞必须推着下液压缸活塞移动（下液压缸顶出到预定位置后使下缸换向阀处于中位，上液压缸下压时，下液压缸活塞随之被压下），这时下液压缸下腔中的油液只能经下缸溢流阀流回油箱，从而建立起所需的"压边"力，而其上腔经下缸换向阀的中位或吸收上液压缸下腔中的回油或由油箱补油。

6）系统中的两个液压缸各有一个溢流阀进行过载保护。

第三节　汽车起重机液压系统

一、概述

汽车起重机是一种安装在汽车底盘上的起重运输设备。它主要由起升机构、回转机构、变幅机构、伸缩机构和支腿部分等组成，这些工作机构动作的完成由液压系统来驱动。一般要求输出力大，动作平稳，耐冲击，操作灵活、方便、安全、可靠。

Q2—8型汽车起重机的外形如图8-7所示。该起重机采用液压传动，最大起重量为80kN，最大起重高度为11.5m，起重装置可连续回转。由于起重机具有较高的行走速度和较大的承载能力，所以其调动与使用起来非常灵活，机动性能也很好，并可在有冲击、振动、温度变化较大和环境较差的条件下工作。起重机一般采用中、高压手动控制系统。对于汽车起重机来说，无论在机械方面或是液压方面，对工作系统的安全性和可靠性要求都是特别重要的。

二、Q2—8型汽车起重机液压系统的工作原理

Q2—8型汽车起重机液压系统的工作原理如图8-8所示。该系统为中、高压系统，动力源采用轴向柱塞泵，由汽车发动机通过汽车底盘变速器上的取力箱驱动。液压泵的工作压力为21MPa，排

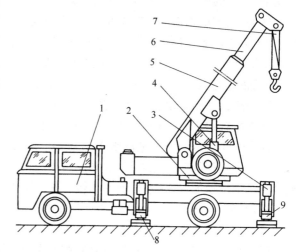

图8-7　Q2—8型汽车起重机的外形

1—载货汽车　2—回转机构　3—支腿部分　4—吊臂变幅液压缸

5—基本臂　6—吊臂伸缩液压缸　7—起升机构

8—前支腿　9—后支腿

量为 40mL，转速为 1500r/min。液压泵通过中心回转接头（图中未画出）从油箱中吸油，输出的液压油经手动阀组 A 和 B 输送到各个执行元件。整个系统由支腿收放、吊臂变幅、吊臂伸缩、转台回转和吊重起升五个工作回路所组成，且各部分都具有一定的独立性。整个系统分为上下两部分，除液压泵、过滤器、溢流阀、阀组 A 及支腿部分外，其余元件全部装在可回转的上车部分。油箱装在上车部分，兼作配重。上下两部分油路通过中心回转接头连通。支腿收放回路和其他动作回路采用一个二位三通手动换向阀 3 进行切换。

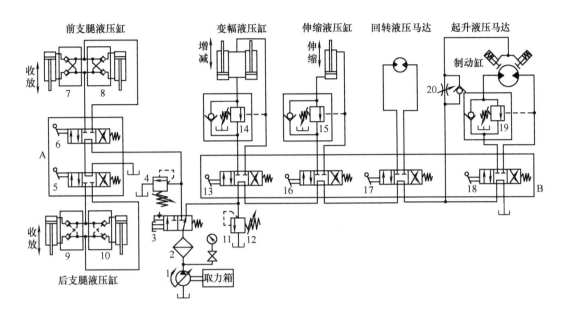

图 8-8　Q2—8 型汽车起重机液压系统的工作原理

1—液压泵　2—过滤器　3—二位三通手动换向阀　4、12—溢流阀　5、6、13、16、17、18—三位四通
手动换向阀　7、8、9、10—双向液压锁　11—压力表　14、15、19—平衡阀　20—单向节流阀

（1）支腿收放回路　由于汽车轮胎支撑能力有限，且为弹性变形体，作业时很不安全，故在起重作业前必须放下前、后支腿，用支腿承重使汽车轮胎架空。在行驶时又必须将支腿收起，轮胎着地。为此，在汽车的前、后两端各设置两条支腿，每条支腿均配置有液压缸。前支腿两个液压缸同时用一个三位四通手动换向阀 6 控制其收、放动作，而后支腿两个液压缸则用另一个三位四通手动换向阀 5 控制其收、放动作。为确保支腿能停放在任意位置并能可靠地锁住，在支腿液压缸的控制回路中设置了双向液压锁。

当三位四通手动换向阀 6 工作在左位时，前支腿放下，其油路为：

进油路：液压泵 1→过滤器 2→手动换向阀 3 左位→手动换向阀 6 左位→前支腿液压缸上腔。

回油路：前支腿液压缸下腔→液控单向阀→手动换向阀 6 左位→手动换向阀 5 中位→油箱。

当三位四通手动换向阀 6 工作在右位时，前支腿收回，其油路为：

进油路：液压泵 1→过滤器 2→手动换向阀 3 左位→手动换向阀 6 右位→前支腿液压缸下腔。

回油路：前支腿液压缸上腔→液控单向阀→手动换向阀 6 右位→手动换向阀 5 中位→油箱。

后支腿液压缸用三位四通手动换向阀 5 控制，其油路流动情况与前支腿油路类似。

（2）吊臂变幅回路　吊臂变幅是通过改变吊臂的起落角度来改变作业高度。吊臂的变幅运动由变幅液压缸驱动，变幅要求能带载工作，动作要平稳可靠。本机采用两个变幅液压缸并联方式，提高了变幅机构的承载能力。为防止吊臂在停止阶段因自重而减幅，在油路中设置了平衡阀 14，提高了变幅运动的稳定性和可靠性。吊臂变幅运动由三位四通手动换向阀 13 控制，在其工作过程中，通过改变手动换向阀 13 开口的大小和工作位，即可调节变幅速度和变幅方向。

吊臂增幅时，三位四通手动换向阀 13 左位工作，其油路为：

进油路：液压泵 1→过滤器 2→手动换向阀 3 右位→手动换向阀 13 左位→平衡阀 14 中的单向阀→变幅液压缸下腔。

回油路：变幅液压缸上腔→手动换向阀 13 左位→手动换向阀 16 中位→手动换向阀 17 中位→手动换向阀 18 中位→油箱。

吊臂减幅时，三位四通手动换向阀 13 右位工作，其油路为：

进油路：液压泵 1→过滤器 2→手动换向阀 3 右位→手动换向阀 13 右位→变幅液压缸上腔。

回油路：变幅液压缸下腔→平衡阀 14→手动换向阀 13 右位→手动换向阀 16 中位→手动换向阀 17 中位→手动换向阀 18 中位→油箱。

（3）吊臂伸缩回路　吊臂由基本臂和伸缩臂组成，伸缩臂套装在基本臂内，由吊臂伸缩液压缸驱动进行伸缩运动。为使其伸缩运动平稳可靠，并防止在停止时因自重而下滑，在油路中设置了平衡阀 15。吊臂伸缩运动由三位四通手动换向阀 16 控制，当三位四通手动换向阀 16 工作在左位或右位时，分别驱动伸缩液压缸伸出或缩回。吊臂伸出时的油路为：

进油路：液压泵 1→过滤器 2→手动换向阀 3 右位→手动换向阀 13 中位→手动换向阀 16 左位→平衡阀 15 中的单向阀→伸缩液压缸下腔。

回油路：伸缩液压缸上腔→手动换向阀 16 左位→手动换向阀 17 中位→手动换向阀 18 中位→油箱。

吊臂缩回时的油路为：

进油路：液压泵 1→过滤器 2→手动换向阀 3 右位→手动换向阀 13 中位→手动换向阀 16 右位→伸缩液压缸上腔。

回油路：伸缩液压缸下腔→平衡阀 15→手动换向阀 16 右位→手动换向阀 17 中位→手动换向阀 18 中位→油箱。

（4）转台回转回路　转台的回转由一个大转矩液压马达驱动。通过齿轮、蜗杆机构减速，转台的回转速度为 1～3r/min。由于速度较低，惯性较小，一般不设缓冲装置。回转液压马达的回转由三位四通手动换向阀 17 控制，当三位四通手动换向阀 17 工作在左位或右位时，分别驱动回转液压马达正向或反向回转。其油路为：

进油路：液压泵 1→过滤器 2→手动换向阀 3 右位→手动换向阀 13 中位→手动换向阀 16 中位→手动换向阀 17 左（右）位→回转液压马达。

回油路：回转液压马达→手动换向阀 17 左（右）位→手动换向阀 18 中位→油箱。

（5）吊重起升回路　吊重起升是系统的主要工作回路。吊重的起吊和落下作业由一个大转矩液压马达驱动卷扬机来完成。起升液压马达的正、反转由三位四通手动换向阀 18 控制。马达转速的调节（即起吊速度）可通过改变发动机转速及手动换向阀 18 的开口来调节。回路中设有平衡阀 19，用以防止重物因自重而下滑。由于液压马达的内泄漏比较大，当重物吊在空中时，尽管回路中设有平衡阀，重物仍会向下缓慢滑落，为此，在液压马达的驱动轴上设置了制动器。当起升机构工作时，在系统油压的作用下，制动器液压缸使闸块松开，当液压马达停止转动时，在制动器弹簧的作用下，闸块将轴抱死进行制动。当重物在空中停留的过程中重新起升时，有可能出现在液压马达的进油路还未建立起足够的压力以支撑重物时，制动器便解除了制动，造成重物短时间失控而向下滑落。为避免这种现象的出现，在制动器油路中设置了单向节流阀 20。通过调节该节流阀开口的大小，能使制动器抱闸迅速，而松闸则能缓慢地进行。

三、Q2—8 型汽车起重机液压系统的特点

Q2—8 型汽车起重机的液压系统具有如下特点：

1）该系统为单泵、开式、串联系统，采用了换向阀串联组合，不仅各机构的动作可以独立进行，而且在轻载作业时，可实现起升和回转复合动作，以提高工作效率。

2）系统中采用了平衡回路、锁紧回路和制动回路，保证了起重机的工作可靠，操作安全。

3）采用了三位四通手动换向阀换向，不仅可以灵活方便地控制换向动作，还可通过手柄操纵来控制流量，实现节流调速。在起升工作中，将此节流调速方法与控制发动机转速的方法结合使用，可以实现各工作部件微速动作。

4）各三位四通手动换向阀均采用了 M 型中位机能，使换向阀处于中位时能使系统卸荷，可减少系统的功率损失，适宜于起重机进行间歇性工作。

第四节　装载机液压系统

一、概述

装载机主要用来对散装物料进行铲运、搬运、卸载及平整场地等作业，也可用来进行轻度的铲掘工作。因其生产效率较高，机动性能较好，故它是一种应用十分广泛的工程机械。按行走系统结构的不同，装载机分为轮式装载机和履带式装载机。

ZL50 型轮式装载机液压系统的工作原理，如图 8-9 所示。该装载机要求液压系统能实现工作装置的铲装、提升、保持、倾卸和转向机构的转向等动作。

系统中采用齿轮泵作为动力元件，其中，齿轮泵 3 为工作主泵，齿轮泵 2 为辅助泵，这两个液压泵为两个并联的 GB—C 型齿轮泵。泵 1 为转向泵，采用 GB—46 型齿轮泵。3 个泵均由柴油机驱动。执行元件分别是一对动臂升降液压缸、一对转斗液压缸和一对转向液压缸。动臂升降液压缸和转斗液压缸采用一组手动多位多通换向阀控制，其中，四位六通换向阀 6 控制动臂升降，三位六通换向阀 5 控制铲斗倾卸。系统中采用了 3 个安全阀，安全阀 11 控制工作装置系统的工作压力，防止过载，其调定压力为 15MPa。双作用安全阀 12 可以防止转斗液压缸过载或产生真空，起缓冲补油作用，其调定压力为 8MPa。安全阀 10 控制转向系统的工作压力，其调定压力为 10MPa。

二、ZL50 型装载机液压系统的工作原理

ZL50 型装载机液压系统包括工作装置系统和转向系统。工作装置系统又包括动臂升降液压缸工作回路和转斗液压缸工作回路，两者构成串并联回路（互锁回路）。当转斗液压缸换向阀 5 一离开中位，即切断了通往动臂升降液压缸换向阀 6 的油路。欲使动臂升降液压缸动作必须使转斗液压缸换向阀 5 回到中位。因此，动臂与铲斗不能进行复合动作，所以各液压缸的推力较大，这是装载机广泛采用的液压系统形式。

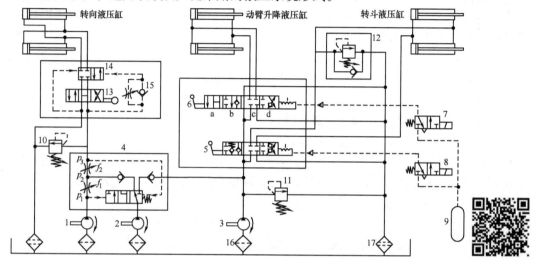

图 8-9　ZL50 型轮式装载机液压系统的工作原理

1—转向液压泵　2—辅助液压泵　3—主液压泵　4—流量转换阀　5、6—手动换向阀

7、8—电磁换向阀　9—储气筒　10、11—安全阀　12—双作用安全阀　13—转向

随动阀　14—锁紧阀　15—单向节流阀　16—过滤器　17—精过滤器

根据装载机作业要求，液压系统应完成下述工作循环：铲斗翻转收起（铲装），动臂提升锁紧（转运），铲斗前倾（卸载），动臂下降。

（1）铲斗收起与前倾　铲斗的收起与前倾由转斗液压缸工作回路实现。当操纵手动换向阀 5 使其右位工作时，铲斗液压缸活塞杆伸出，并通过摇臂斗杆带动铲斗翻转收起进行铲装。其油路为：

进油路：液压泵 3（液压泵 2）→手动换向阀 5 右位→转斗液压缸无杆腔。

回油路：转斗液压缸有杆腔→手动换向阀 5 右位→精过滤器 17→油箱。

当操纵手动换向阀 5 使其左位工作时，铲斗液压缸活塞杆缩回，并通过摇臂斗杆带动铲斗前倾进行卸载。其油路为：

进油路：液压泵 3（液压泵 2）→手动换向阀 5 左位→转斗液压缸有杆腔。

回油路：转斗液压缸无杆腔→手动换向阀 5 左位→精过滤器 17→油箱。

当铲斗在收起与前倾的过程中，若转向液压泵 1 输出流量正常，则流量转换阀 4 中的流量分配阀工作在左位，使辅助液压泵 2 与主液压泵 3 形成并联供油（动臂升降回路也是如此）。

当操纵手动换向阀 5 使其处于中位时，转斗液压缸进、出油口被封闭，依靠换向阀的锁紧作用，铲斗在某一位置处于停留状态。

在转斗液压缸的无杆腔油路中还设有双作用安全阀 12。在动臂升降的过程中，转斗的

连杆机构由于动作不相协调而受到某种程度的干涉，即在提升动臂时转斗液压缸的活塞杆有被拉出的趋势，而在动臂下降时活塞杆又被强制压回。而这时手动换向阀 5 处于中位，转斗液压缸的油路不通，因此，这种情况会造成转斗液压缸回路出现过载或产生真空。为了防止这种现象的发生，系统中设置了双作用安全阀 12，它可以起到缓冲和补油的作用。当转斗液压缸有杆腔受到干涉而使压力超过双作用安全阀 12 的调定压力时，该阀便会被打开，使多余的液压油流回油箱，液压缸得到缓冲。当产生真空时，可由单向阀从油箱补油。应当指出，转斗液压缸的无杆腔也应该设置双作用安全阀，使液压缸两腔的缓冲和补油过程彼此协调的更为合理。

（2）动臂升降　动臂的升降由动臂升降液压缸工作回路实现。当操纵手动换向阀 6 使其工作在 d 位时，动臂升降液压缸的活塞杆伸出，推动动臂上升，完成动臂提升动作。其油路为：

进油路：液压泵 3（液压泵 2）→手动换向阀 5 中位→手动换向阀 6d 位→动臂升降液压缸无杆腔。

回油路：动臂升降液压缸有杆腔→手动换向阀 6d 位→精过滤器 17→油箱。

当动臂提升到转运位置时，操纵手动换向阀 6 使其工作在 c 位，此时动臂升降液压缸的进、出油口被封闭，依靠换向阀的锁紧作用使动臂固定以便转运。

当铲斗前倾卸载后，操纵手动换向阀 6 使其工作在 b 位时，动臂升降液压缸的活塞杆缩回，带动动臂下降。其油路为：

进油路：液压泵 3（液压泵 2）→手动换向阀 5 中位→手动换向阀 6b 位→动臂升降液压缸有杆腔。

回油路：动臂升降液压缸无杆腔→手动换向阀 6b 位→精过滤器 17→油箱。

当操纵手动换向阀 6 使其工作在 a 位时，动臂升降液压缸处于浮动状态，以便在坚硬的地面上铲取物料或进行铲推作业。此时动臂能随地面状态自由浮动，提高作业技能。另外，还能实现空斗迅速下降，并且在发动机熄火的情况下亦能降下铲斗。

装载机动臂要求具有较快的升降速度和良好的低速微调性能。动臂升降液压缸由主液压泵 3 和辅助液压泵 2 并联供油，流量总和最大可达 320L/min。动臂升降时的速度可通过控制手动换向阀 6 的阀口开口大小来进行调节，并通过加速踏板的配合，以达到低速微调的目的。

（3）自动限位装置　为了提高生产率和避免液压缸活塞到达极限位置而造成安全阀的频繁启闭，在工作装置和换向阀上装有自动限位装置，以实现工作中铲斗自动放平。在动臂后铰点和转斗液压缸处装有自动限位行程开关。当动臂举升到最高位置或铲斗随动臂下降到与停机面正好水平的位置时，触点碰到行程开关，发出信号使电磁换向阀 7 或 8 动作，使其右位工作。这时，气动系统接通气路，储气筒内的压缩空气进入换向阀 6 或 5 的端部，松开弹跳定位钢球。阀芯便在弹簧的作用下回到中位，液压缸停止动作。当行程开关脱开触点时，电磁换向阀断电而使其回到常位，这时进气通道被关闭，阀体内的压缩空气从放气孔排出。

（4）装载机铰接车架折腰转向　轮式装载机的车架采用前、后车架铰接结构，因此其转向机构采用铰接车架进行折腰转向。装载机铰接车架折腰转向过程是由转向液压缸工作回路来实现的，并要求具有稳定的转向速度（即要求进入转向液压缸的油液流量恒定）。转向液压缸的油液主要来自转向液压泵 1，在发动机额定转速（1600r/min）下转向泵的流量为

77L/min。当发动机受其他负荷影响而转速下降时，就会影响转向速度的稳定性。这时就需要从辅助液压泵 2 通过流量转换阀 4 补入转向泵 1 所减少的流量，以保证转向油路的流量稳定。当流量转换阀 4 在相应位置时，也可将辅助液压泵多余的或全部液压油供给工作装置油路，以加快动臂升降液压缸和转斗液压缸的动作速度，缩短作业循环时间和提高生产率。

装载机转向机构要求转向灵活，因此，转向随动阀 13 采取负封闭式的换向过渡形式，这样还能防止突然换向时使系统压力突然升高。同时还设置了一个锁紧阀 14 来防止转向液压缸发生窜动。当转向随动阀 13 处于图示位置时，液压泵卸荷，油液直接流回油箱。若操纵转向盘使转向随动阀 13 工作在左位或右位时，系统的压力升高，立刻打开锁紧阀 14，使油液进入转向液压缸中以驱动活塞伸缩，使车辆转向。同时，前车架上的反馈杆随着前、后车架的相对偏转而通过齿轮齿条传动使转向随动阀的阀体同时移动并关闭阀口，使转向动作停止。当转向盘停止在某一角度上时，转向液压缸也停止在相应位置上，装载机便沿着相应的转向半径运动。若继续转动转向盘，随动阀的阀口将始终打开，转向过程也将继续进行。因此，前、后车架的相对转角始终追随着转向盘的转角。

锁紧阀 14 的作用是在装载机直线行驶时防止转向液压缸窜动时产生液压冲击，造成管路系统损坏。另外，当转向液压泵 1 和辅助液压泵 2 出现故障或管路发生破损时，锁紧阀 14 将复位并关闭转向液压缸的油路，从而保证装载机不摆头。

单向节流阀 15 的作用是使锁紧阀 14 快开慢锁，以保证转向灵活。

第五节　液压系统常见的故障及排除方法

液压系统在工作中不可避免地会出现一些故障，这就需要对故障进行分析，找出故障出现的原因和部位，并将故障排除。下面对液压系统一些常见故障出现的原因及排除方法做一简单介绍。

一、液压系统故障产生的原因

液压系统的故障是多种多样的，虽然控制油液免受污染和及时维护检查可以减少故障的发生，但并不能完全杜绝故障。

液压设备故障概率曲线如图 8-10 所示，它表示故障率 $\lambda(t)$ 与工作时间的变化关系，大致可分为 3 个阶段。A 段为早期故障期，其故障可称为早发性液压故障。这一时期故障率较高，但持续时间不长，多由设计、加工过程中存在的问题及安装、调整不当所致。随着液压系统运行时间的延长和对出现故障的不断排除、改造和维修，故障率便会逐渐降低。B 段为有效寿命故障期，其故障称为随机性液压故障。这期间故障偶有发生，故障率很低且大致趋于稳定，是液压系统工

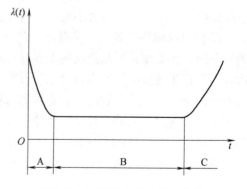

图 8-10　液压设备故障概率曲线

作的最佳时期。若能够坚持严格的维护制度以及控制油液的污染程度，可使这一时期进一步延长。C 段为磨损故障期，其故障称为渐发性故障。这类故障的产生是由于元件的磨损、腐蚀、疲劳及老化等原因而引起的，其故障率随时间的延伸而升高。这期间需要不断地对液压

系统和元件进行检修和维护，并及时更换严重磨损的元件。

由此可见，如果提高液压元件的质量和加强液压设备整机的调试工作，就可以缩短 A 段所需要的时间；通过及时维护和保养，可延长 B 段时间，并可将故障率降低到最低限度；定期检查和及时更换已磨损的液压元件或组件，可以推迟 C 段的到来，延长使用期限。

一般来说，液压系统的故障往往是多种因素综合作用的结果。但造成故障的原因主要有以下几种：

1）因液压油和液压元件使用或维护不当，使液压元件的性能变坏、损坏、失灵而引起的故障。

2）因装配、调整不当而引起的故障。

3）因设备年久失修、零件磨损、精度超差或元件制造误差而引起的故障。

4）因元件选用和回路设计不当而引起的故障。

前几种故障可以通过修理或调整的方法来加以解决，而后一种必须根据实际情况，弄清原因后进行改进。

二、液压系统常见故障的分析与排除

液压传动是在封闭的情况下进行的，无法从外部直接观察到系统内部，因此，当系统出现故障时，要寻找故障产生的原因往往有一定的难度。能否分析出故障产生的原因并排除故障，一方面取决于对液压传动知识的理解和掌握程度，另一方面依赖于实践经验的不断积累。液压系统的常见故障及排除方法见表8-3。

表8-3　液压系统的常见故障及排除方法

故障现象	产 生 原 因	排 除 方 法
系统无压力或压力不足	①溢流阀开启，由于阀芯被卡住，不能关闭，阻尼孔堵塞，阀芯与阀座配合不好或弹簧失效 ②其他控制阀阀芯由于故障卡住，引起卸荷 ③液压元件磨损严重或密封损坏，造成内、外泄漏 ④液位过低，吸油管堵塞或油温过高 ⑤泵转向错误，转速过低或动力不足	①修研阀芯与阀体，清洗阻尼孔，更换弹簧 ②找出故障部位，清洗或研修，使阀芯在阀体内能够灵活运动 ③检查泵、阀及管路各连接处的密封性，修理或更换零件和密封件 ④加油，清洗吸油管路或冷却系统 ⑤检查动力源
流量不足	①油箱液位过低，油液黏度较大，过滤器堵塞引起吸油阻力过大 ②液压泵转向错误，转速过低或空转磨损严重，性能下降 ③管路密封不严，空气进入 ④蓄能器漏气，压力与流量供应不足 ⑤其他液压元件及密封件损坏引起泄漏 ⑥控制阀动作不灵	①检查液位，补油，更换黏度适宜的液压油，保证吸油管直径足够大 ②检查原动机、液压泵及变量机构，必要时换液压泵 ③检查管路连接及密封是否正确可靠 ④检修蓄能器 ⑤修理或更换 ⑥调整或更换
泄漏	①接头松动，密封损坏 ②阀与阀板之间的连接不好或密封件损坏 ③系统压力长时间大于液压元件或附件的额定工作压力，使密封件损坏 ④相对运动零件磨损严重，间隙过大	①拧紧接头，更换密封 ②加大阀与阀板之间的连接力度，更换密封 ③限定系统压力，或更换许用压力较高的密封件 ④更换磨损零件，减小配合间隙

（续）

故障现象	产 生 原 因	排 除 方 法
油温过高	①冷却器通过能力下降出现故障 ②油箱容量小或散热性差 ③压力调整不当，长期在高压下工作 ④管路过细且弯曲，造成压力损失增大，引起发热 ⑤环境温度较高	①排除故障或更换冷却器 ②增大油箱容量，增设冷却装置 ③限定系统压力，必要时改进设计 ④加大管径，缩短管路，使油液流动通畅 ⑤改善环境，隔绝热源
振动	①液压泵：密封不严吸入空气，安装位置过高，吸油阻力大，齿轮齿形精度不够，叶片卡死断裂，柱塞卡死移动不灵活，零件磨损使间隙过大 ②液压油：液位太低，吸油管插入液面深度不够，油液黏度太大，过滤器堵塞 ③溢流阀：阻尼孔堵塞，阀芯与阀体配合间隙过大，弹簧失效 ④其他阀芯移动不灵活 ⑤管道：管道细长，没有固定装置，互相碰撞，吸油管与回油管太近 ⑥电磁铁：电磁铁焊接不良，弹簧过硬或损坏，阀芯在阀体内卡住 ⑦机械：液压泵与电动机连轴器不同轴或松动，运动部件停止时有冲击，换向时无阻尼，电动机振动	①更换吸油口密封，吸油管口至泵进油口高度要小于500mm，保证吸油管直径，修复或更换损坏的零件 ②加油，增加吸油管长度到规定液面深度，更换适黏度的液压油，清洗过滤器 ③清洗阻尼孔，修配阀芯与阀体的间隙，更换弹簧 ④清洗，去毛刺 ⑤设置固定装置，扩大管道间距及吸油管和回油管间距离 ⑥重新焊接，更换弹簧，清洗及研配阀芯和阀体 ⑦保持泵与电动机轴的同心度误差不大于0.1mm，采用弹性联轴器，紧固螺钉，设置阻尼或缓冲装置，电动机作平衡处理
冲击	①蓄能器充气压力不够 ②工作压力过高 ③先导阀、换向阀制动不灵及节流缓冲慢 ④液压缸端部无缓冲装置 ⑤溢流阀故障使压力突然升高 ⑥系统中有大量空气	①给蓄能器充气 ②调整压力至规定值 ③减少制动锥斜角或增加制动锥长度，修复节流缓冲装置 ④增设缓冲装置或背压阀 ⑤修理或更换 ⑥排除空气

第六节 液压系统的设计

液压系统的设计是整机设计的一部分。设计过程中，除了要满足主机在动作和性能等方面的要求外，还必须满足体积小、重量轻、成本低、效率高、结构简单、工作可靠、使用和维修方便等要求。液压系统设计的步骤如下。

一、明确设计要求

液压系统设计任务书中规定的各项要求是液压系统设计的依据，设计时必须要明确的要求包括以下几点：

1）液压系统的动作要求：液压系统的运动方式、行程大小、速度范围、工作循环和动作周期、以及同步、互锁和配合要求等。

2）液压系统的性能要求：负载条件、运动平稳性和精度、工作可靠性等。

3）液压系统工作环境要求：环境温度、湿度、尘埃、通风情况、以及易燃易爆、振动、安装空间等。

二、工况分析与执行元件主要参数的确定

液压系统的工况分析是指对液压系统执行元件的工作情况进行分析，以了解工作过程中执行元件在各个工作阶段中的流量、压力和功率的变化规律，并将其用曲线表示出来，作为确定液压系统主要参数，拟定液压系统方案的依据。

1. 运动分析

按工作要求和执行元件的运动规律，绘制出执行元件的工作循环和速度-位移（或时间）曲线，即速度循环。图 8-11 所示为某组合机床动力滑台的运动分析。

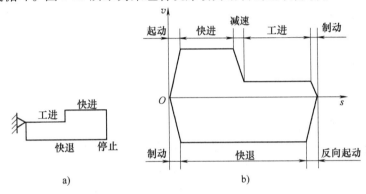

图 8-11　某组合机床动力滑台的运动分析
a）动力滑台工作循环　b）动力滑台速度循环

2. 负载分析

根据执行元件在运动过程中负载的变化情况，做出其负载-位移（或时间）曲线，即负载图。图 8-12 所示为某组合机床动力滑台的负载图。当执行元件为液压缸时，在往复直线运动时所承受的负载包括：工作负载 F_L、摩擦阻力负载 F_f、惯性负载 F_a、重力负载 F_G、密封阻力负载 F_m 和背压负载 F_b，其总负载为所有负载之和，即

$$F = F_L + F_f + F_a + F_G + F_m + F_b \quad (8-1)$$

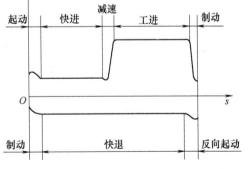

图 8-12　某组合机床动力滑台的负载图

（1）工作负载 F_L　工作负载 F_L 的大小与设备的工作情况有关，对切削机床来说，工作负载为沿执行机构运动方向上的切削分力，当切削力与运动方向相反时为正值，相同时为负值。

（2）摩擦阻力负载 F_f　摩擦阻力负载 F_f 是指运动部件与支撑面间的摩擦力。对于平导轨，摩擦力负载 F_f 的表达式为

$$F_f = fF_N \quad (8-2)$$

对于 V 形导轨，摩擦力负载 F_f 的表达式为

$$F_f = \frac{fF_N}{\sin(\alpha/2)} \tag{8-3}$$

式中　F_N——运动部件及外负载对支撑面的正压力（N）；

　　　f——摩擦系数，分为静摩擦系数（f_s）和动摩擦系数（f_d）；

　　　α——V 形导轨的夹角（°）。

（3）惯性负载 F_a　惯性负载 F_a 是由运动部件的速度变化所引起的，可根据牛顿第二定律确定，即

$$F_a = ma = \frac{G}{g} \times \frac{\Delta v}{\Delta t} \tag{8-4}$$

式中　m——运动部件的质量（kg）；

　　　a——运动部件的加速度（m/s²）；

　　　G——运动部件的重力（N）；

　　　g——重力加速度（m/s²）；

　　　Δv——速度的变化量（m/s）；

　　　Δt——速度变化所需时间（s）。

（4）重力负载 F_G　重力负载 F_G 为垂直放置的移动部件本身的重力，当执行机构向上运动时重力负载为正值，向下则为负值，移动部件水平放置时重力负载为零。

（5）密封阻力负载 F_m　密封阻力负载 F_m 为液压缸密封装置所产生的摩擦阻力。在未完成液压系统设计之前，不知道密封装置的参数，其值无法计算，一般通过液压缸的机械效率加以考虑，常取液压缸的机械效率为 $\eta_{cm} = 0.90 \sim 0.95$。

（6）背压负载 F_b　背压负载 F_b 为液压缸回油腔的背压所产生阻力，在系统方案及液压缸结构尚未确定之前也无法计算，因此在负载计算时可暂不考虑。

液压缸在不同的工作阶段，应根据液压缸的具体工作情况来确定液压缸负载的大小：

起动时 $\qquad\qquad\qquad F = (F_{f_s} \pm F_G)/\eta_{cm} \tag{8-5}$

加速时 $\qquad\qquad\quad F = (F_{f_d} \pm F_G + F_a)/\eta_{cm} \tag{8-6}$

快进时 $\qquad\qquad\qquad F = (F_{f_d} \pm F_G)/\eta_{cm} \tag{8-7}$

工进时 $\qquad\qquad\quad F = (F_L + F_{f_d} \pm F_G)/\eta_{cm} \tag{8-8}$

快退时 $\qquad\qquad\qquad F = (F_{f_d} \pm F_G)/\eta_{cm} \tag{8-9}$

若执行元件为液压马达，其负载力矩的计算方法与液压缸类似。

3. 执行元件主要参数的确定

（1）选定工作压力　当负载确定后，工作压力就决定了系统的经济性和合理性。工作压力低，则执行元件的尺寸和体积都较大，完成给定速度所需流量也大。若压力过高，则密封性要求就很高，元件的制造精度也高，成本也高。因此，应根据实际情况选取适当的工作压力。执行元件的工作压力可根据总负载或主机设备类型进行选取，见表 8-4 和表 8-5。

表 8-4　按负载选择执行元件的工作压力

负载 F/kN	<5	5~10	10~20	20~30	30~50	>50
工作压力 p/MPa	<0.8~1.0	1.5~2.0	2.5~3.0	3.0~4.0	4.0~5.0	>5.0~7.0

表 8-5　各类液压设备常用工作压力

设备 类型	粗加工 机床	精加工 机床	粗加工或 重型机床	农业机械、 小型工程机械	液压压力机、重型机械、 大中型挖掘机、起重运输机
工作压力 p/MPa	0.8~2.0	3.0~5.0	5.0~10.0	10.0~16.0	20.0~32.0

（2）确定执行元件的几何参数　当执行元件为液压缸时，它的几何参数为活塞的有效工作面积 A，即

$$A = \frac{F}{\eta_{cm} p} \qquad (8\text{-}10)$$

式中　F——液压缸的外负载（N）；

p——液压缸的工作压力（Pa）；

η_{cm}——液压缸的机械效率。

这样计算出来的工作面积还必须按液压缸所要求的最低稳定速度 v_{min} 来验算，即

$$A \geqslant \frac{q_{min}}{v_{min}} \qquad (8\text{-}11)$$

式中　q_{min}——流量阀的最小稳定流量（m^3/s）；

v_{min}——液压缸所要求的最低稳定速度（m/s）。

根据计算的液压缸有效工作面积 A，可以确定液压缸钢筒的内径 D 和活塞杆的直径 d。

若执行元件为液压马达，它的几何参数为排量 V。其排量计算式为

$$V = \frac{2\pi T}{p \eta_{Mm}} \qquad (8\text{-}12)$$

式中　T——液压马达的总负载转矩（N·m）；

p——液压马达的工作压力（Pa）；

η_{Mm}——液压马达的机械效率。

同样，式（8-12）所求排量也必须满足液压马达的最低稳定转速 n_{min} 要求，即

$$V \geqslant \frac{q_{min}}{n_{min}} \qquad (8\text{-}13)$$

式中　q_{min}——液压马达的最小稳定流量（m^3/s）；

n_{min}——液压马达所要求的最低稳定转速（r/min）。

排量确定后，可从产品样本中选择液压马达的型号。

4. 绘制液压执行元件的工况图

液压执行元件的工况图指的是压力图、流量图和功率图。图 8-13 所示为组合机床执行元件的工况图，其中图 8-13a 为压力图，图 8-13b 为流量图，图 8-13c 为功率图。

采用工况图可以直观、方便地找出最大工作压力、最大流量和最大功率，根据这些参数即可选择液压泵及其驱动电动机，同时对系统中所有液压元件的选择也具有指导意义。另外，通过分析工况图，有助于设计者选择合理的基本回路，还可以对各阶段的参数进行鉴定，分析其合理性，在必要时可进行调整。

三、拟定液压系统原理图

拟定液压系统原理图是设计液压系统的关键一步，它对系统的性能及设计方案的合理

性、经济性具有决定性的影响。

（1）确定回路的类型　一般有较大空间可以存放油箱的系统，都采用开式回路；相反，可采用闭式回路。通常节流调速系统采用开式回路，容积调速系统采用闭式回路。

（2）选择基本回路　在拟定液压系统原理图时，应根据各类主机的工作特点和性能要求，首先确定对主机主要性能起决定性影响的主要回路。例如：机床液压系统的调速和速度换接回路、液压压力机系统的调压回路。然后，再考虑其他辅助回路，例如对有垂直运动部件的系统要考虑平衡回路，有多个执行元件的系统要考虑顺序动作、同步或互不干扰回路，有空载运行要求的系统要考虑卸荷回路等。

（3）液压回路的综合　将选择的回路综合起来，构成一个完整的液压系统。在综合基本回路时，在满足工作机构运动要求及生产率的前提下，应力求系统简单，工作安全可靠，动作平稳、效率高，调整和维护保养方便。

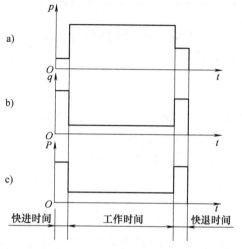

图 8-13　组合机床执行元件的工况图
a）压力图　b）流量图　c）功率图

四、液压元件的计算和选择

初步拟定液压系统原理图后，便可进行液压元件的计算和选择，也就是通过计算各液压元件在工作中承受的压力和通过的流量，来确定各元件的规格和型号。

1. 液压泵的选择

先根据设计要求和系统工况确定液压泵的类型，然后根据液压泵的最高供油压力和最大供油量来选择液压泵的规格。

（1）确定液压泵的最高工作压力 p_P　液压泵的最高工作压力就是在系统正常工作时泵所能提供的最高压力，对于定量泵系统来说这个压力是由溢流阀调定的，对于变量泵系统来说这个压力是与泵的特性曲线上的流量相对应的。液压泵的最高工作压力是选择液压泵型号的重要依据。液压泵最高工作压力的出现分为两种情况，其一是执行元件在运动行程终了，停止运动时（如液压机、夹紧缸）出现，其二是执行元件在运动行程中（如机床、提升机）出现。对于第一种情况，泵的最高工作压力也就是执行机构所需的最大工作压力 p_{max}，即

$$p_P \geqslant p_{max} \tag{8-14}$$

对于第二种情况，除了考虑执行机构的压力外还要考虑油液在管路系统中流动时产生的总的压力损失 $\Sigma \Delta p$，即

$$p_P \geqslant p_{max} + \Sigma \Delta p \tag{8-15}$$

式中　$\Sigma \Delta p$——液压泵出口至执行机构进口之间总的压力损失。

初步估算时，一般节流调速和管路简单的系统取 $\Sigma \Delta p = 0.2 \sim 0.5 \text{MPa}$，有调速阀和管路较复杂的系统取 $\Sigma \Delta p = 0.5 \sim 1.5 \text{MPa}$。

（2）确定液压泵的最大供油量 q_P　液压泵的最大供油量 q_P 按执行元件工况图上的最大工作流量及回路系统中的泄漏量来确定，即

$$q_P \geqslant K \Sigma q_{max} \tag{8-16}$$

式中　K——考虑系统中存在泄漏等因素的修正系数，一般取 $K=1.1\sim1.3$，小流量取大值，

大流量取小值；

Σq_{max}——同时工作的执行元件流量之和的最大值。

若系统中采用了蓄能器，泵的流量按一个工作循环中的平均流量来选取，即

$$q_P \geqslant \frac{K}{T}\sum_{i=1}^{n} q_i \Delta t_i \tag{8-17}$$

式中　T——工作循环的周期时间（s）；

q_i——工作循环中第 i 个阶段所需的流量（m^3/s）；

Δt_i——工作循环中第 i 阶段持续的时间（s）；

n——循环中的阶段数。

（3）选择液压泵的规格　根据泵的最高工作压力 p_P 和泵的最大供油量 q_P 值，从产品样本中选择液压泵的型号和规格。为了使液压泵工作安全可靠，液压泵应有一定的压力储备量。通常泵的额定压力 p_n 应比泵的最高工作压力 p_P 高 25%～60%，泵的额定流量 q_n 则宜与 q_P 相当。

（4）确定液压泵的驱动功率 P　系统使用定量泵时，工况不同其驱动功率的计算也不同。在整个工作循环中，液压泵的功率变化较小时，可按下式计算液压泵所需的驱动功率

$$P = \frac{p_P q_P}{\eta_P} \tag{8-18}$$

式中　η_P——液压泵的总效率。

在整个工作循环中，液压泵的功率变化较大，且在功率循环中最高功率的持续时间很短，则可按式（8-18）分别计算出工作循环各个阶段的功率 P_i，然后用下式计算其所需的平均驱动功率

$$P = \sqrt{\frac{\sum_{i=1}^{n} P_i^2 t_i}{\sum_{i=1}^{n} t_i}} \tag{8-19}$$

式中　t_i——一个工作循环中第 i 阶段持续的时间。

求出了平均功率后，要验算每一个阶段电动机的超载量是否在允许范围内，一般电动机允许短时超载量为 25%。如果在允许超载范围内，即可根据平均功率 P 与泵的转速 n 从产品样本中选取电动机。

使用限压式变量泵时，可按式（8-18）分别计算快进与工进两种工况时所需驱动功率，取两者较大值作为选择电动机规格的依据。由于限压式变量泵在快进与工进的转换过程中，必须经过泵的压力流量特性曲线的最大功率 P_{max} 点（拐点），为了使所选择的电动机在经过 P_{max} 点时有足够的功率，需按下式进行验算

$$P_{max} = \frac{p_B q_B}{\eta_P} \leqslant 2P_n \tag{8-20}$$

式中　p_B——限压式变量泵调定的拐点压力（Pa）；

q_B——限压式变量泵的拐点流量（m^3/s）；

P_n——所选电动机的额定功率（W）；

η_P——限压式变量泵的效率。

在计算过程中要注意，在限压式变量泵输出流量较小时，其效率 η_P 将急剧下降，一般当其输出流量为 0.2 ~ 1L/min 时，$\eta_P = 0.03 ~ 0.14$，流量大者取大值。

2. 阀类元件的选择

阀类元件的选择是根据阀的最大工作压力和流经阀的最大流量。即所选用的阀类元件的额定压力和额定流量要大于系统的最高工作压力和实际通过阀的最大流量。对于换向阀，有时允许短时间通过阀的实际流量略大于该阀的额定流量，但不得超过 20%。流量阀按系统中流量调节范围来选取，其最小稳定流量应能满足最低稳定速度的要求。压力阀的选择还应考虑调压范围。

3. 液压辅助元件的选择

对于液压系统的各辅助元件，可按第六章的有关原则来选取。

五、液压系统的性能验算

1. 液压系统压力损失的验算

前面初步确定了管路的总压力损失 $\sum \Delta p$，仅是估算而已。当液压系统的元件型号、管路布置等确定后，需要对管路的压力损失进行验算，并借此较准确地确定泵的工作压力，较准确地调节变量泵和压力阀的调整压力，保证系统的工作性能。若计算结果与初步确定的值相差较大时，则可对原设计进行修正，其修正方法如下：

（1）当执行元件为液压缸时　泵的最高工作压力 p_p 应按下式验算

$$p_p \geqslant \frac{F}{A_1 \eta_{cm}} + \frac{A_2}{A_1}\Delta p_2 + \Delta p_1 \tag{8-21}$$

式中　F——作用在液压缸上的外负载（N）；

A_1、A_2——液压缸进、回油腔的有效作用面积（m^2）；

Δp_1、Δp_2——进、回油路总的压力损失（Pa）；

η_{cm}——液压缸的机械效率。

计算时应注意，快速运动时液压缸上的外负载小，管路中流量大，压力损失也大。工进时外负载大，流量小，压力损失也小，所以应分别予以计算。计算出的系统压力 p_p 应小于泵额定压力的 75%；否则，应重选额定压力较高的液压泵，或者采用其他方法降低系统压力，如增大液压缸的直径等方法。

（2）当执行元件为液压马达时　泵的最高工作压力 p_p 应按下式验算

$$p_p \geqslant \frac{2\pi T}{V\eta_{Mm}} + \Delta p_2 + \Delta p_1 \tag{8-22}$$

式中　V——液压马达的排量（m^3/r）；

T——液压马达的输出转矩（N·m）；

Δp_1、Δp_2——进、回油路总的压力损失（Pa）；

η_{Mm}——液压马达的机械效率。

2. 液压系统发热温升的验算

液压系统在工作时由于存在着一定的机械损伤、压力损失和流量损失，这些大都变为热能，使系统发热，油温升高。为了使液压系统能够正常工作，应使油温保持在允许的范围之内。

系统中产生热量的元件主要有液压缸、液压泵、溢流阀和节流阀等，散热的元件主要是油箱。系统工作一段时间后，发热与散热会相等，即达到热平衡。不同的设备在不同的情况下，达到热平衡的温度也不一样，所以必须进行验算。

（1）系统发热量的计算　在单位时间内液压系统的发热量可按下式计算

$$H = P(1 - \eta) \tag{8-23}$$

式中　P——液压泵的输入功率（kW）；

η——液压系统的总效率。

如果在工作循环中泵所输出的功率不同，那么，可以求出系统单位时间内的平均发热量，即

$$H = \frac{1}{T} \sum_{i=1}^{n} P_i (1 - \eta_i) t_i \tag{8-24}$$

式中　T——工作循环周期时间（s）；

t_i——第 i 阶段所持续的时间（s）；

P_i——第 i 阶段泵的输入功率（kW）；

η_i——第 i 阶段液压系统的总效率。

（2）系统散热量的计算　在单位时间内油箱的散热量可用下式计算

$$H_0 = hA\Delta t \tag{8-25}$$

式中　A——油箱的散热面积（m^2）；

Δt——系统的温升（℃）；

h——散热系数〔$kW/(m^2 \cdot ℃)$〕。

当周围通风较差时，取 $h = (8 \sim 9) \times 10^{-3} kW/(m^2 \cdot ℃)$；当自然通风良好时，取 $h = 15 \times 10^{-3} kW/(m^2 \cdot ℃)$；用风扇冷却时，取 $h = 23 \times 10^{-3} kW/(m^2 \cdot ℃)$；用循环水冷却时，取 $h = (110 \sim 170) \times 10^{-3} kW/(m^2 \cdot ℃)$。

（3）系统热平衡温度的验算　当系统达到热平衡时有 $H = H_0$，即

$$\Delta t = \frac{H}{hA} \tag{8-26}$$

当油箱的三个边长之比在 $1:1:1 \sim 1:2:3$ 范围内，且油位是油箱高度的 0.8 倍时，其散热面积可近似计算为

$$A = 0.065 \sqrt[3]{V^2} \tag{8-27}$$

式中　V——油箱有效容积（L）；

A——油箱的散热面积（m^2）。

由式（8-26）计算出来的 Δt 与环境温度之和应不超过油液所允许的温度，否则，必须采取进一步的散热措施。

六、工作图的绘制与技术文件的编写

所设计的液压系统经验算后，即可对初步的液压系统进行修改和完善，并绘制工作图和编写技术文件。

1. 绘制工作图

1）绘制液压系统原理图。图上除画出整个系统的回路外，还应注明各元件的规格、型

号、压力调整值，并给出各执行元件的工作循环图，列出电磁铁及压力继电器的动作顺序表。

2）绘制液压系统装配图。液压系统装配图包括泵站装配图、集成油路装配图及管路装配图。

泵站装配图是将集成油路装置、液压泵、电动机与油箱组合在一起画成的装配图，它表明了各自之间的相互位置、安装尺寸及总体外形。

管路装配图应表示出油管的走向、注明管道的直径及长度、各种管接头的规格、管夹的安装位置和装配技术要求等。

画集成油路装配图时，若选用油路板，应将各元件画在油路板上，便于装配。若采用集成块或叠加阀，因有通用件，设计者只需选用，最后将选用的产品组合起来绘制成装配图。

3）绘制非标准件的装配图和零件图。

4）绘制电气线路装配图。图上应表示出电动机的控制线路、电磁阀的控制线路、压力继电器和行程开关等。

2. 编写技术文件

技术文件一般包括液压系统设计计算说明书，液压系统原理图，液压系统工作原理说明书和操作使用及维护说明书，部件目录表，标准件、通用件及外购件汇总表等。

复习思考题

1. 在图 8-2 所示的 YT4543 型动力滑台液压系统中，阀 2、5、10 在油路中起什么作用？

2. 试分析将图 8-2 所示的 YT4543 型动力滑台液压系统由限压式变量泵供油，改为双联泵和单定量泵供油时，系统的不同点。

3. 在图 8-8 所示 Q2—8 型汽车起重机液压系统中，为什么采用弹簧复位式手动换向阀控制各执行元件动作？

4. 一般液压系统无压力或压力不足产生的原因有哪些？如何解决？

5. 哪些工作图需要绘制？

6. 技术文件编写的内容包括哪些方面？

第九章

气 动 元 件

第一节 执 行 元 件

气动系统常用的执行元件为气缸和气马达。它们是将气体的压力能转化为机械能的元件，气缸用于实现直线往复运动，输出力和直线位移；气马达用于实现连续回转运动，输出力矩和角位移。

一、气缸的分类

气缸的种类很多，分类方法也各不相同。一般情况下，气缸可按活塞端面受压状态、结构特征和功能来分类，常见气缸的结构及功能见表9-1。常见气缸的安装型式见表9-2。

表9-1 常见气缸的结构及功能

类别	名　称	简　图	原理及功能
单作用气缸	活塞式气缸		压缩空气驱动活塞向一个方向运动,借助外力复位,可以节约压缩空气,节省能源
			压缩空气驱动活塞向一个方向运动,靠弹簧力复位,输出拖力随行程而变化,适用于小行程
	薄膜气缸		压缩空气作用在膜片上,使活塞杆向一个方向运动,靠弹簧复位,密封性好,适用于小行程
	柱塞式气缸		柱塞向一个方向运动,靠外力返回。稳定性较好,用于小直径气缸
双作用气缸	普通气缸		利用压缩空气使活塞向两个方向运动,两个方向输出的力和速度不等
	双出杆气缸		活塞两个方向运动的速度和输出力均相等,适用于长行程
	不可调缓冲式气缸	a) b) a)单向缓冲 b)双向缓冲	活塞临近行程终点时,减速制动,减速值不可调整

（续）

类别	名　称	简　图	原理及功能
双作用气缸	可调式缓冲气缸	a) b) a)单向缓冲　b)双向缓冲	活塞临近行程终点时,减速制动,可根据需要调整减速值
特殊气缸	冲击式气缸		利用突然大量供气和快速排气相结合的方法得到活塞杆的冲击运动,用于切断、冲孔、打击工件等
	气-液阻尼缸		利用液体不可压缩性,获得活塞杆的稳速运动,用于速度稳定性要求较高的场合
	增压缸		利用液体的不可压缩性和力的平衡原理,可在小活塞端输出高压的液体
			利用压力和作用面积乘积相等,可在小面积端获得较高压力
	串联气缸		在一根活塞杆上串联多个活塞,因而增大活塞面积总和,气缸输出力决定投入工作的气缸的数量
	回转气缸		进排气导管和缸体可相对转动,可用于机床夹具和线材卷曲装置上
	双活塞杆气缸		两个活塞同时向相反方向运动,增大行程
	多位气缸		活塞行程可占有 4 个位置,只要气缸的任一空腔接通气源,活塞就可占有一个位置
	伸缩气缸		伸缩气缸由套筒构成,可增大行程,推力和速度随行程而变化,适用于翻斗汽车动力气缸
	伺服气缸		将输入的气压信号成比例地转化为活塞杆的机械位移,多用于自动控制系统中
	数字气缸		将若干个活塞轴向依次装在一起,其运动行程从小到大按几何级数排列,由输入的气动信号决定输出

表9-2　常见气缸的安装型式

分　类		简　图	说　明
固定式气缸	耳座式　轴向耳座		轴向耳座,耳座承受力矩,气缸直径越大,力矩越大
	耳座式　切向耳座		轴向耳座,耳座承受力矩,气缸直径越大,力矩越大
	法兰式　前法兰		前法兰紧固,安装螺钉受拉力较大
	法兰式　后法兰		后法兰紧固,安装螺钉受拉力较小
	法兰式　自配法兰		法兰在使用时视安装条件现配
轴销式气缸	尾部轴销		气缸可绕尾轴摆动
	头部轴销		气缸可绕头部轴摆动
	中间轴销		气缸可绕中间轴摆动

二、常用气缸的特点

（1）普通气缸　普通气缸主要由缸筒、活塞、活塞杆、前后端盖及密封件等组成。图9-1所示为双作用气缸,普通气缸的结构与普通液压缸的结构很相似。此类气缸的使用最为广泛,一般应用在包装机械、食品机械、加工机械等设备上。

（2）薄膜气缸　如图9-2所示,薄膜气缸主要由缸体、膜片、膜盘和活塞杆等组成,它是利用压缩空气通过膜片推动活塞杆作往复直线运动的。图9-2a所示是单作用式,需借助弹簧力回程;图9-2b所示是双作用式,靠气压回程。膜片的形状有盘形和平形两种,材料是夹物橡胶、钢片或磷青铜片。第一种材料的膜片较常见,金属膜片只用于行程较小的气缸中。

薄膜气缸具有结构紧凑和简单、制造容易、成本较低、泄漏量少、寿命较长、效率较高等优点，但是膜片的变形量有限，故其行程较短，一般不超过40～50mm。若为平膜片，有时其行程仅为几毫米。此外，这种气缸活塞杆的输出力随气缸行程的加大而减小。薄膜气缸常应用在汽车制动装置、调节阀和夹具等方面。

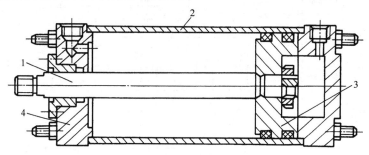

图9-1　双作用气缸的结构

1—活塞杆　2—缸筒　3—活塞　4—缸盖

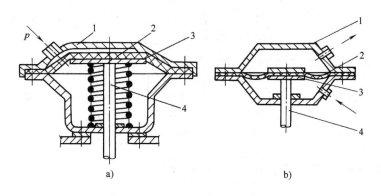

图9-2　薄膜气缸的工作原理

a）单作用式　b）双作用式

1—缸体　2—膜片　3—膜盘　4—活塞杆

（3）无杆气缸　无杆气缸不具有普通气缸的刚性活塞杆，它是利用活塞直接或间接实现往复直线运动的。图9-3所示为无杆气缸的结构。在气缸筒轴向开有一条槽，在气缸两端设置空气缓冲装置。活塞5带动与负载相连的滑块6在槽内移动，并借助缸体上的管状沟槽防止其发生旋转。为满足防泄漏和防尘的需要，在开口部将聚氨酯密封带3和防尘不锈钢带4固定在两侧端盖上。

无杆气缸的缸径为8～80mm，其最大行程在缸径不小于40mm时可达6m。无杆气缸的运动速度较高，可达2m/s。由于负载和活塞是与在气缸槽内运动的滑块连接在一起的，因此，在使用过程中必须考虑滑块上所承受的径向和轴向负载。为了增加气缸的承载能力，必须增加导向机构。若需用无杆气缸构成气动伺服定位系统，可采用具有内置式位移传感器的无杆气缸。这种气缸的最大优点是节省了安装空间，特别适用于小缸径、长行程的场合，并广泛应用在自动化系统、气动机器人中。

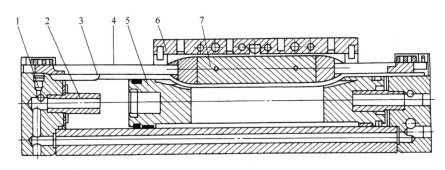

图9-3 无杆气缸的结构

1—节流阀 2—缓冲柱塞 3—密封带 4—防尘不锈钢带

5—活塞 6—滑块 7—管状体

三、气缸使用注意事项

使用气缸时应注意以下几点：

1）根据工作任务的要求，选择气缸的结构形式、安装方式并确定活塞杆的推力和拉力。

2）为避免活塞与缸盖之间产生频繁冲击，一般不使用满行程，而使其行程余量为 30 ～ 100mm。

3）气缸工作时的推荐速度在 0.5 ～ 1m/s，工作压力为 0.4 ～ 0.6MPa，环境温度在 5 ～ 60°C 范围内。低温时，需要采取必要的防冻措施，以防止系统中的水分出现冻结现象。

4）装配时要在所有密封件的相对运动工作表面涂上润滑脂；注意动作方向，活塞杆不允许承受偏心负载或横向负载，并且气缸在 1.5 倍的压力下进行试验时不应出现漏气现象。

四、气马达的工作原理

气马达的工作原理与液压马达相似。这里仅以叶片式气马达的工作原理为例作一简要说明。如图9-4 所示，叶片式气马达一般有 3 ～ 10 个叶片，它们可以在转子槽内做径向运动。转子和输出轴被固连在一起，并与定子间有一个偏心距 e。当压缩空气从 A 口进入定子内腔以后，压缩空气将作用在叶片底部，将叶片推出，使叶片在气压推力和离心力的综合作用下，抵在定子内壁上，形成一个密封工作腔。此时，压缩空气作用在叶片的外伸部分而产生一定力矩。由于各叶片向外伸出的面积不等，所以转子在不平衡力矩作用下将逆时针方向旋转。做功后的气体由定子孔 C 排出，剩余的残余气体经孔 B 排出。改变压缩空气输入进气孔（即改为由 B 孔进气），马达将反向旋转。

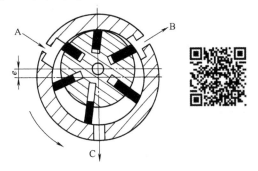

图9-4 叶片式气马达

第二节 气动控制元件

气动控制元件是气压传动系统中用于控制和调节压缩空气的压力、流量、流动方向和发出信号的重要元件。按其作用和功能可分为压力控制阀、流量控制阀和方向控制阀三类。

一、方向控制阀

方向控制阀有单向型和换向型两种，其阀芯结构主要有截止式和滑阀式。

1. 单向型控制阀

单向型控制阀包括单向阀、或门型梭阀、与门型梭阀和快速排气阀。其中单向阀与液压单向阀类似，可参照第五章的相关内容，这里不再重复。

（1）或门型梭阀　或门型梭阀的基本结构如图 9-5a 所示。它有两个输入口 P_1、P_2 和一个输出口 A，在气动回路中起逻辑"或"的作用，又称为梭阀。阀芯在两个方向上起单向阀作用。当 P_1 口进气时，阀芯将 P_2 口切断，P_1 口与 A 口相通，A 口有输出。当 P_2 口进气时，阀芯将 P_1 口切断，P_2 口与 A 口相通，A 口也有输出。如 P_1 口和 P_2 口都有进气时，活塞向低压侧移动，使高压侧进气口与 A 口相通。如果两侧加入的压力相等，则先加入压力的一侧与 A 口相通，后加入压力一侧的通路关闭。

或门型梭阀的应用回路如图 9-6 所示。该回路采用或门型梭阀来实现手动和电动操作方式的转换。

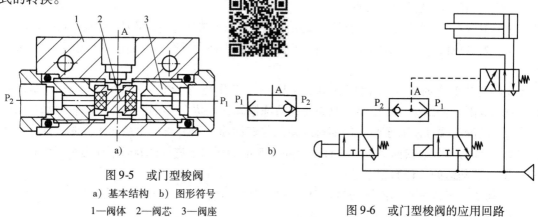

图 9-5　或门型梭阀
a）基本结构　b）图形符号
1—阀体　2—阀芯　3—阀座

图 9-6　或门型梭阀的应用回路

（2）与门型梭阀　与门型梭阀又称为双压阀，它相当于两个单向阀的组合。它适用于互锁回路中，起逻辑"与"作用。

与门型梭阀的基本结构如图 9-7a 所示。它有两个输入口 P_1、P_2 和一个输出口 A。只有当输入口 P_1、P_2 同时有输入时，A 口才有输出，否则 A 口无输出；而当输入口 P_1 和 P_2 处的压力不等时，则高压侧关闭，低压侧与 A 口相通。

与门型梭阀的应用回路如图 9-8 所示。

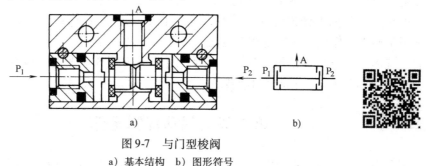

图 9-7　与门型梭阀
a）基本结构　b）图形符号

（3）快速排气阀　快速排气阀的作用是使气动元件或装置快速排气以提高气缸的运动速度。膜片式快速排气阀的基本结构如图9-9a所示。当P口进气时，膜片被压下而封住排气口，气流经膜片四周小孔及A口流出。当气流反向流动时，A口处气压将膜片顶起并封住P口，A口气体经O口迅速排出。

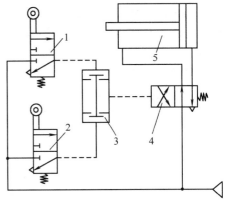

图9-8　与门型梭阀的应用回路
1、2—行程阀　3—双压阀　4—换向阀
5—钻孔缸

快速排气阀通常安装在换向阀与气缸之间，使气缸的排气过程不需要通过换向阀就能够快速完成，从而加快了气缸往复运动的速度。

快速排气阀的应用回路如图9-10所示。当按下定位手动换向阀1时，气体经节流阀2、快速排气阀3进入单作用气缸4，使气缸4缓慢前进。当定位手动换向阀回复原位时，气源被切断。这时，气缸中的气体经快速排气阀3快速排空，使气缸在弹簧作用下迅速复位，节省了气缸回程所需要的时间。

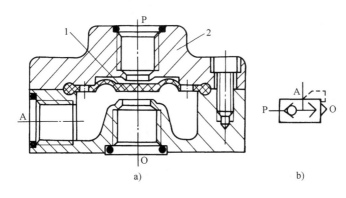

a)

b)

图9-9　膜片式快速排气阀
a）基本结构　b）图形符号
1—膜片　2—阀体

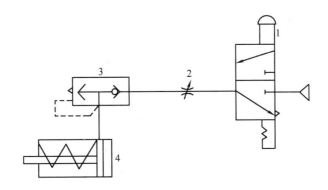

图9-10　快速排气阀的应用回路
1—手动换向阀　2—节流阀　3—快速排气阀　4—单作用气缸

2. 换向型控制阀

换向型控制阀的功能是通过改变气体流通时的通道使气体流动方向发生变化，进而改变执行元件的运动方向，以完成规定的操作过程。按控制方式可分为气压控制、电磁控制、机械控制、手动控制、时间控制阀。其结构和工作原理与液压图中相对应的方向控制阀基本相似，职能符号也基本相同，这里不再赘述。

二、压力控制阀

压力控制阀主要用来控制系统中压缩气体的压力，以满足系统对不同压力的需要。压力控制阀主要有减压阀、溢流阀和顺序阀。

1. 减压阀

气动系统一般由空气压缩机先将空气压缩并储存在储气罐内，然后经管路输送给各气动装置使用。储气罐输出的压力一般比较高，同时压力波动也比较大，只有经过减压作用，将其降至每台装置实际所需的压力，并使压力稳定下来才可使用。因此，减压阀是气动系统中一种必不可少的调压元件。按调节压力方式不同，减压阀有直动型和先导型两种。

（1）直动型减压阀　图 9-11a 所示为 QTY 型直动型减压阀的基本结构。其工作原理是：阀处于工作状态时，压缩空气从左侧入口流入，流经阀口 11 后再从阀出口流出。当顺时针旋转手柄 1，压缩弹簧 2、3 推动膜片 5 下凹，使阀杆 7 带动阀芯 9 下移，打开进气阀口 11，压缩空气通过阀口 11 时受到一定的节流作用，使输出压力低于输入压力，以实现减压作用。与此同时，有一部分气流经阻尼孔 6 进入膜片室 12，在膜片下部产生一个向上的推力，当推力与弹簧的作用相互平衡后，阀口的开度稳定在某一定值上，减压阀就输出一定的气体。阀口 11 开度越小，节流作用越强，压力下降也越多。

若输入压力瞬时升高，经阀口 11 以后的输出压力也随之升高，使膜片室内的压力也升高，因而破坏了原有的平衡，使膜片上移，有部分气流经溢流孔 4、排气口 13 排出。在膜片上移的同时，阀芯在复位弹簧 10 的作用下也随之上移，减小了进气阀口 11 的开度，节流作用增大，输出压力下降，直至达到膜片两端作用力重新达到平衡为止，此时输出压力基本上又回到原数值上。

相反，输入压力下降时，进气节流阀口开度增大，节流作用减小，输出压力上升，使输出压力基本回到原数值上。

（2）先导型减压阀　先导型减压阀的基本结构如图 9-12a 所示。它由先导阀和主阀两部分

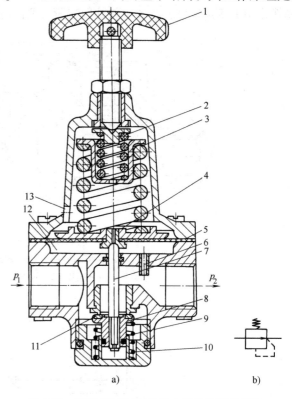

图 9-11　QTY 型减压阀的基本结构和图形符号

a）基本结构　b）图形符号

1—手柄　2、3—调压弹簧　4—溢流孔　5—膜片　6—阻尼孔
7—阀杆　8—阀座　9—阀芯　10—复位弹簧
11—阀口　12—膜片室　13—排气口

组成。当气流从左端流入阀体后，一部分经进气阀口 9 流向输出口，另一部分经固定节流口 1 进入中气室 5，经喷嘴 2、挡板 3 及孔道反馈至下气室 6，再经阀杆 7 的中心孔排至大气中。

若把手柄旋到某一固定位置，使喷嘴与挡板间的距离在工作范围内，减压阀就开始进入工作状态。中气室 5 内的压力随喷嘴与挡板间距离的减小而增大，于是推动阀芯打开进气阀口 9，则气流流到出口处，同时经孔道反馈到上气室 4，并与调压弹簧的压力保持平衡。

若输入压力瞬时升高，输出压力也相应升高，通过孔口的气流使下气室 6 内的压力也升高，于是破坏了膜片原有的平衡，使阀杆 7 上升，节流阀口减小，节流作用增强，输出压力下降，使膜片两端的作用力重新达到平衡，输出压力又恢复到原来的调定值。

当输出压力瞬时下降时，经喷嘴和挡板的放大后也会引起中气室 5 内的压力有较明显地升高，而使阀芯下移，阀口开大，输出压力升高，并稳定到原数值上。

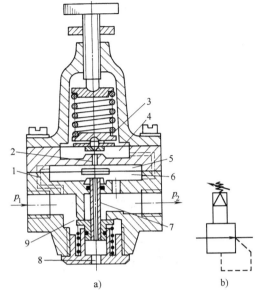

图 9-12　内部先导型减压阀的基本结构和图形符号

a）基本结构　b）图形符号

1—固定节流孔　2—喷嘴　3—挡板　4—上气室

5—中气室　6—下气室　7—阀杆

8—排气孔　9—进气阀口

选择减压阀时应根据气源的压力来确定阀的额定压力，气源的最低压力应高于减压阀最高输出压力 0.1 MPa 以上。减压阀一般安装在空气过滤器之后，油雾器之前。

（3）定值器　在需要提供精确气源压力和信号压力的场合下，如射流控制系统、气动实验设备、气动自动装置等，有一种高精度减压阀主要用于压力定值，称为定值器。定值器有两种压力规格，其气源压力分别为 0.14MPa 和 0.35MPa；输出压力范围分别为 0~0.1MPa 和 0~0.25MPa。输出压力的波动不超过最大输出压力的 ±1%。定值器的基本结构和原理简图，如图 9-13 所示。

1）非工作（无输出）状态下，旋钮 7 处于旋松状态，净化过的压缩空气经减压阀减压至定值器的输入压力，从进气口经过滤网 1 进入气室 A，E 中，A 室中的锥形弹簧 20 压在进气阀 19 上，这样便封闭了 A，B 两气室间的通路。此时，溢流阀 2 上的溢流孔在弹簧 17 的作用下，离开阀杆 18 而被打开，而进入 E 室的气流经活门 12、F 室、恒节流孔 14 进入 G 室和 D 室。由于旋钮放松，膜片 5 逐渐上移，喷嘴 4 被打开，进入 G 室的气流经喷嘴 4 到达 H 室、B 室，再经溢流阀 2 上的孔及排气孔 16 排出，从而使 G 室和 D 室的压力降低。另一部分则从 H 室的输出口排出。由于从恒节流孔 14 过来的微小流量的气流在经过喷嘴 4 之后的压力已很低，故 H 室出口处的输出压力近似于 0，这一压力即为漏气压力，要求其值越小越好，一般不超过 0.002MPa。

2）工作（有输出）状态下，顺时针旋转旋钮 7，调压弹簧 6 被压缩，使上挡板 8 压向喷嘴 4，从恒节流孔过来的气流使 G 室和 D 室中的压力升高。于是，D 室中的压力克服弹簧 17 的反作用力，迫使膜片 15 和阀杆 18 下移，首先关闭溢流阀 2，然后打开进气阀 19，于是

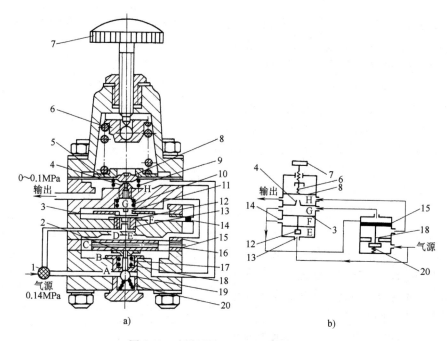

图 9-13　定值器的基本结构和原理简图
a）基本结构　b）原理简图
1—过滤网　2—溢流阀　3、5—膜片　4—喷嘴　6—调压弹簧　7—旋钮　8—上挡板
9、10、13、17、20—弹簧　11—下挡板　12—活门　14—恒节流孔
15—膜片（上有排气孔）　16—排气孔　18—阀杆　19—进气阀

B 室和大气隔开而和 A 室接通，A 室的压缩空气经过气阻（球阀与阀座之间的间隙大小控制气阻的大小）降压后再从 B 室到 H 室而输出。进入 B、H 室的气体因反馈作用而使膜片 15、5 又出现上移，直到反馈作用和弹簧 6 的作用平衡为止，此时定值器便可获得一定的输出压力。显然，弹簧 6 的压力与出口输出压力之间有一定的关系。

当负载不变，气源的输入压力如有波动，例如当气源压力增加时，若活门 12、进气阀 19 的开度不变，则 B、H、F 室内的压力增加。H 室压力的增加将使膜片 5 上抬，喷嘴与挡板间的距离增大，G、D 室的压力下降，E、F 室压力的增加，使活门 12、膜片 3 向上推移，活门 12 的开度减小，F 室和 D 室的压力下降，B 室的压力升高，使膜片 15 上移，进气阀 19 的开度减小，即气阻加大，使 H 室的压力回降到原来的输出压力。同理，若输入压力因某种原因减小时，与上述过程正好相反，将使 H 室的压力回升到原来的输出压力。

当输入压力不变，输出压力因负载加大而下降，即 H、B 室压力下降，将使膜片 5 下移，挡板靠向喷嘴，G、D 室内的压力上升，活门 12 和进气阀 19 的开度增大，输出压力回升到原来的数值。反之，通过相反的调节，也将使输出压力回降到原先的数值。

与普通内部先导型减压阀不同，由于定值器内部附加了特殊的稳压装置，即可以保持恒节流孔 14 两端的压降恒定的装置，进而大大提高了定值器的稳压精度。当气源压力在 ±10% 范围内变化时，定值器输出压力的变化不超过最大输出压力的 0.3%；当气源压力为额定值，输出压力为最大值的 80%，输出流量在 0～600L/h 范围内变化时，所引起的输出压力的变化不大于最大输出压力的 ±1%。

（4）减压阀的应用　减压阀的应用回路如图 9-14 所示。图 9-14a 是由减压阀控制同时输出高、低压力 p_1,p_2 的回路;图 9-14b 是利用减压阀和换向阀得到高、低输出压力 p_1,p_2 的回路。这种回路常用于气动设备之前,根据不同需要可用同一气源得到两种大小不同的工作压力。

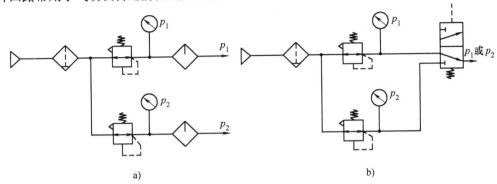

图 9-14 减压阀的应用回路
a）用减压阀控制 b）用减压阀和换向阀同时控制

2. 溢流阀

溢流阀的作用是当系统压力超过调定值时,便自动排气,使系统的压力下降,以保证系统能够安全可靠地工作,因而,也称其为安全阀。按控制方式来划分,溢流阀有直动型和先导型两种。

（1）直动型溢流阀 如图 9-15 所示,将阀 P 口与系统相连接,O 口通大气,当系统中空气压力升高,一旦大于溢流阀调定压力时,气体推开阀芯,经阀口从 O 排至大气,使系统压力稳定在调定值,确证系统安全可靠。当系统压力低于调定值时,在弹簧的作用下阀口处于关闭状态。开启压力的大小与调整弹簧的预压缩量有关。

（2）先导型溢流阀 如图 9-16 所示,溢流阀的先导阀为减压阀,经它减压后的空气从上部 K 口进入阀内,以代替直动型中的弹簧来控制溢流阀。先导型溢流阀适用于管路通径较大及实施远距离控制的场合。选用溢流阀时,其最高工作压力应略高于所需的控制压力。

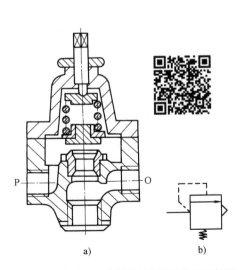

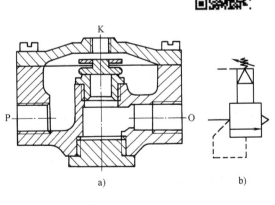

图 9-15 直动型溢流阀的基本结构和图形符号
a）基本结构 b）图形符号

图 9-16 先导型溢流阀的基本结构和图形符号
a）基本结构 b）图形符号

（3）溢流阀的应用 如图9-17所示回路中，因气缸行程较长，运动速度较快，如仅靠减压阀的溢流孔排气作用，很难保持气缸右腔压力的恒定。为此，在回路中装设一个溢流阀，使溢流阀的调定压力略高于减压阀的设定压力。缸的右腔在行程中由减压阀供给减压后的压缩空气，左腔经换向阀排气。通过溢流阀与减压阀配合使用，可以控制并保持缸内压力的恒定。

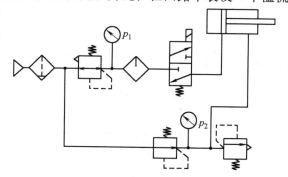

3. 顺序阀

顺序阀的作用是依靠气路中压力的大小来控制执行机构按先后顺序进行动作。顺序阀常与单向阀结合成一体，成为单向顺序阀。

图9-17 溢流阀的应用回路

（1）单向顺序阀 图9-18所示为单向顺序阀的工作原理，当压缩空气由P口进入阀左腔4后，如果作用在活塞3上的压力小于弹簧2的作用力时，阀处于关闭状态。而当作用于活塞上的压力大于弹簧的作用力时，活塞被顶起，压缩空气则经过阀左腔4流入右腔5并经A口流出，然后进入其他控制元件或执行元件，此时单向阀关闭。当切换气源时（如图9-18b所示），左腔4内的压力迅速下降，顺序阀关闭，此时右腔5内的压力高于左腔4内的压力，在该气体压力差的作用下，单向阀被打开，压缩空气则由右腔5经单向阀6流入左腔4并向外排出。单向顺序阀的结构如图9-19所示。

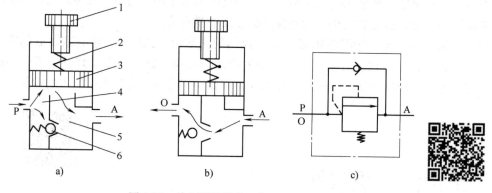

图9-18 单向顺序阀的工作原理

a) 开启状态 b) 关闭状态 c) 图形符号

1—调压手柄 2—调压弹簧 3—活塞 4—阀左腔 5—阀右腔 6—单向阀

（2）顺序阀的应用 图9-20所示为用顺序阀控制两个气缸进行顺序动作的回路。压缩空气先进入气缸1中，待建立一定压力后，打开顺序阀4，压缩空气才开始进入气缸2并使其动作。切断气源，由气缸2返回的气体经单向阀3和排气孔O排空。

三、流量控制阀

流量控制阀主要有节流阀、单向节流阀和排气节流阀等。

1. 节流阀

节流阀的作用是通过改变阀的通流面积来调节流量的大小。图9-21所示为节流阀的基本结构和图形符号。气体由输入口 P 进入阀内，经阀座与阀芯间的节流通道从输出口 A 流出，通过调节螺杆可使阀芯上下移动，而改变节流口通流面积，实现流量的调节。

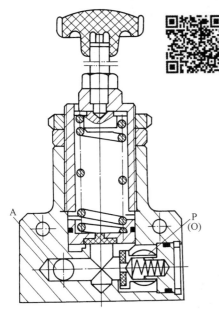

图 9-19　单向顺序阀

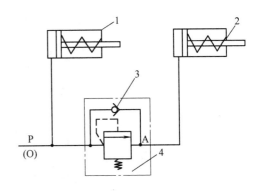

图 9-20　顺序阀的应用回路

1、2—气缸　3—单向阀　4—顺序阀

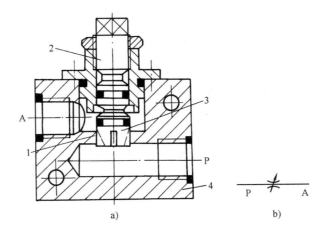

a)　　　　　　　　　　　　　　b)

图 9-21　节流阀的基本结构和图形符号

a）基本结构　b）图形符号

1—阀座　2—调节螺杆　3—阀芯　4—阀体

2. 单向节流阀

单向节流阀是由单向阀和节流阀并联组合而成的组合式控制阀。图 9-22 所示为单向节流阀的工作原理，当气流由 P 至 A 正向流动时，单向阀在弹簧和气压作用下处于关闭状态，气流经节流阀节流后流出；而当由 A 至 P 反向流动时，单向阀打开，不起节流作用。单向节流阀的基本结构和图形符号如图 9-23 所示。

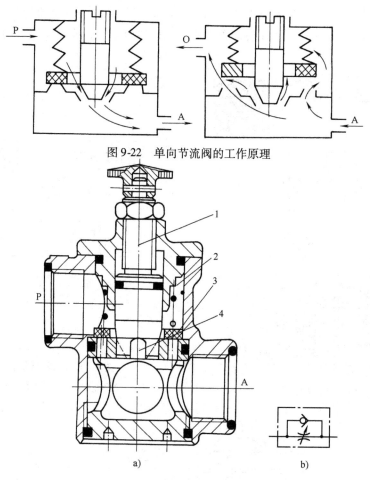

图 9-22　单向节流阀的工作原理

图 9-23　单向节流阀的基本结构和图形符号
a）基本结构　b）图形符号
1—调节杆　2—弹簧　3—单向阀　4—节流口

3. 带消声器的节流阀

带消声器的节流阀是安装在元件的排气口处，用来控制执行元件排入大气中气体的流量并降低排气噪声的一种控制阀。图 9-24a 所示为带消声器的节流阀的基本结构，图 9-25 所示为带消声器的节流阀应用实例。

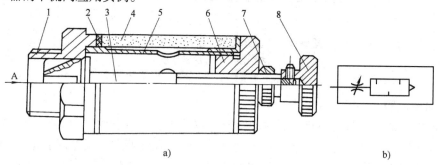

图 9-24　带消声器的节流阀
a）基本结构　b）图形符号
1—阀座　2—垫圈　3—阀芯　4—消声套　5—阀套　6—锁紧法兰　7—锁紧螺母　8—旋钮

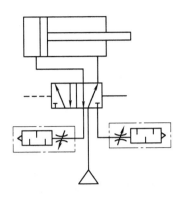

图 9-25 带消声器的节流阀应用实例

第三节 逻 辑 元 件

现代气动系统中的逻辑控制，大多通过采用 PLC 来实现，但是，在有防爆防火要求特别高的场合，常用到一些气动逻辑元件。气动逻辑元件是一种以压缩空气为工作介质，通过元件内部可动部件（如膜片、阀芯）的动作，改变气流流动的方向，从而实现一定逻辑功能的气体控制元件。气动逻辑元件按工作压力分为高压（0.2～0.8MPa）、低压（0.05～0.2MPa）、微压（0.005～0.05MPa）三种。按结构形式不同可分为截止式、膜片式、滑阀式和球阀式等几种类型。本节简要介绍高压截止式逻辑元件。

一、高压截止式逻辑元件

1. "是门"和"与门"元件

"是门"元件和"与门"元件的结构如图 9-26 所示。图中，P 为气源口，a 为信号输入口，S 为输出口。当 a 无信号输入时，阀片 6 在弹簧和气源压力的作用下向上移动，将阀口关闭，封住 P 与 S 之间通路，S 口无输出。当 a 有信号输入时，膜片 3 在输入信号作用下，推动阀芯下移，封住 S 与排气孔间的通路，同时接通 P 与 S 间的通路，S 口有输出。即元件的输入和输出始终保持相同状态。

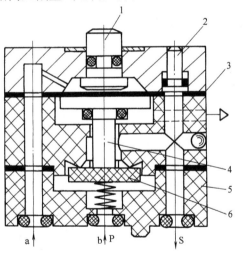

图 9-26 "是门"和"与门"元件
1—手动按钮 2—显示活塞 3—膜片
4—阀芯 5—阀体 6—阀片

若气源口 P 改为信号口 b 时，则成为"与门"元件，即只有当 a 和 b 同时有输入信号时 S 口才有输出，否则 S 口无输出。

2. "或门"元件

"或门"元件的结构如图 9-27 所示。当只有 a 信号输入时，阀片 3 被推动下移，打开上阀口，接通 a 与 S 间的通路，S 口有输出。类似地，当只有 b 信号输入时，b 与 S 间的通路接通，S 口也有输出。显然，当 a，b 均有信号输入时，S 口一定有输出。显示活塞 1 可用于显示输出的状态。

3. "非门"和"禁门"元件

"非门"及"禁门"元件的结构如图9-28所示。图中a为信号输入口，S为信号输出口，P为气源口。在a无信号输入时，阀片1在气源压力作用下向上移动，开启下阀口，关闭上阀口，接通P与S间的通路，S口有输出。当a有信号输入时，膜片6在输入信号的作用下，推动阀杆3及阀片1向下移动，开启上阀口，关闭下阀口，S口无输出。很显然，此时为"非门"元件。若将气源口P改为信号口b，该元件就成为"禁门"元件。在a，b均有输入信号时，阀片1及阀杆3在a输入信号作用下封住b口，S口无输出；在a无信号输入，而b有信号输入时，S口有输出。即a输入信号对b输入信号起"禁止"作用。

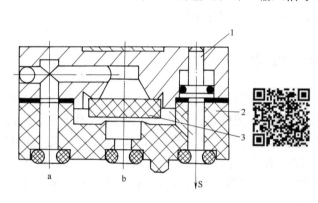

图9-27 "或门"元件
1—显示活塞 2—阀体 3—阀片

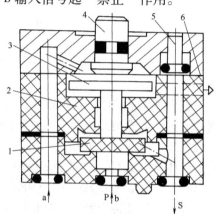

图9-28 "非门"和"禁门"元件
1—阀片 2—阀体 3—阀杆 4—手动按钮
5—显示活塞 6—膜片

4. "或非"元件

"或非"元件的工作原理如图9-29所示。图中P为气源口，S为输出口，a，b，c为三个信号输入口。当三个输入口均无信号输入时，阀芯3在气源压力作用下向上移动，开启下阀门口，接通P与S之间的通路，S口有输出。若三个输入口有一个口有信号输入时，都会使阀芯下移，致使关闭下阀口，截断P与S之间的通路，S口无输出。

"或非"元件是一种多功能逻辑元件，用它可以组成"与门"、"或门"、"非门"、"双稳"等逻辑元件。

5. 记忆元件

记忆元件分为单输出和双输出两种。双输出记忆元件称为双稳元件，单输出记忆元件称为单记忆元件。

"双稳"元件的工作原理如图

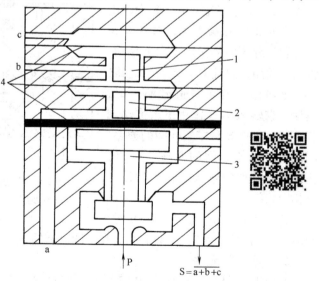

$$S = \overline{a+b+c}$$

图9-29 "或非"元件的工作原理
1、2—阀柱 3—阀芯 4—膜片

9-30 所示。当 a 有控制信号输入时，阀芯 2 带动滑块 4 向右移动，接通 P 与 S_1 之间的通路，S_1 口有输出，而 S_2 与排气孔 O 相通，无输出。此时"双稳"处于"1"状态，在 b 输入信号到来之前，a 信号虽消失，阀芯 2 仍保持在右端位置。当 b 有输入信号时，则 P 与 S_2 之间相通，S_2 口有输出，S_1 与 O 相通，此时元件置"0"状态，b 信号消失后，a 信号未到来前，元件一直保持此状态。

单记忆元件的工作原理如图 9-31 所示。当 b 有信号输入时，膜片 1 使阀芯 2 上移，将小活塞 4 顶起，打开气源通道，关闭排气口，使 S 有输出。如将 b 信号撤去，膜片 1 复原，阀芯在输出端的压力作用下仍能保持在上面位置，S 仍有输出，对 b 置"1"信号以起记忆作用。当 a 有信号输入时，阀芯 2 下移，打开排气通道，活塞 4 下移，切断气源，S 无输出。

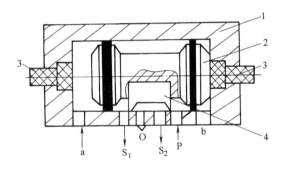

图 9-30 "双稳"元件的工作原理

1—阀体 2—阀芯 3—手动按钮 4—滑块

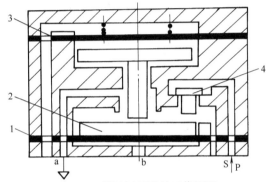

图 9-31 单记忆元件的工作原理

1、3—膜片 2—阀芯 4—小活塞

上述各逻辑元件的逻辑函数、逻辑符号、气动元件回路及真值见表 9-3。

表 9-3 各逻辑元件的逻辑函数、逻辑符号、气动元件回路及真值

名称	回 路 图	逻辑符号及表达式	动作说明（真值表）		
是回路		$S=a$	a	S	有信号 a 则 S 有输出；无信号 a 则 S 无输出
			0	0	
			1	1	
非回路		$S=\bar{a}$	a	S	有信号 a 则 S 无输出；无信号 a 则 S 有输出
			0	1	
			1	0	
或回路		$S=a+b$	a	b	S
			0	0	0
			0	1	1
			1	0	1
			1	1	1

有 a 或 b 任一个信号，S 就有输出

（续）

名称	回 路 图	逻辑符号及表达式	动作说明（真值表）

或非回路

a) b)

逻辑符号：$\geqslant 1$，$S=\overline{a+b}$

a	b	S	
0	0	1	
0	1	0	有 a 或 b 任一个信号，S 就无输出
1	0	0	
1	1	0	

与回路

a) 无源　　b) 有源

逻辑符号：H，$S=a\cdot b$

a	b	S	
0	0	0	
1	0	0	只有当信号 a 和 b 同时存在时，S 才有输出
0	1	0	
1	1	1	

禁回路

a) 无源　　b) 有源

逻辑符号：θ，$S=\bar{a}\cdot b$

a	b	S	
0	0	0	有信号 a 时，S 无输出（a 禁止了 S 有）；当 a 无信号，有信号 b 时，S 才有输出
0	1	1	
1	0	0	
1	1	0	

记忆回路

a) 双稳　　b) 单记忆

逻辑符号：a) $S_1=K_b^a$　b) $S_2=K_b^a$

a	b	S_1	S_2
1	0	1	0
0	0	1	0
0	1	0	1
0	0	0	1

有信号 a 时，S_1 有输出，a 消失，S_1 仍有输出，直到有信号 b 时 S_1 才无输出，S_2 有输出，记忆回路要求 a,b 不能同时加入

二、逻辑元件的应用举例

1. "或门"元件控制线路

图 9-32 所示为采用梭阀作"或门"元件的控制回路。当信号 a 及 b 均无输入时（图示状态），气缸处于原始位置。当信号 a 或 b 有输入信号时，梭阀 S 有输出，使二位四通阀克服弹簧力的作用切换至上方位置，压缩空气即通过二位四通阀进入气缸下腔，活塞上移。当信号 a 或 b 解除后，二位三通阀在弹簧的作用下复位，S 无输出，二位四通阀也在弹簧的作用下复位，压缩空气进入气缸上腔，使气缸复位。

2. 双手操作安全回路

用二位三通按钮式换向阀和逻辑"禁门"元件组成的安全回路，如图 9-33 所示。当两个按钮阀同时按下时，"或门"的输出信号 S_1 要经过单向节流阀 3 进入蓄能器 4 中，经

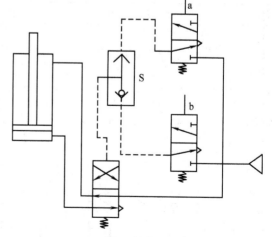

图 9-32 "或门"元件控制回路

过一定时间的延时后才能经逻辑"禁门"5 输出，而"与门"的输出信号 S_2 是直接输入到"禁门"6 上的。因此，S_2 比 S_1 早到达"禁门"6，"禁门"6 有输出，且输出信号 S_4 一方面推动主控制阀 8 换向使缸 7 运动，另一方面又作为"禁门"5 的一个输入信号，由于此信号比 S_1 早到达"禁门"5，故"禁门"5 无输出。如果先按下阀 1，后按下阀 2，且两次按下的时间间隔大于回路的延时时间，那么，"或门"的输出信号 S_1 先到达"禁门"5，"禁门"5 有输出信号 S_3 输出，而输出信号 S_3 是作为"禁门"6 的一个输入信号的，由于 S_3 比 S_2 早到达"禁门"6，故"禁门"6 无输出，主控制阀 8 不能切换，气缸 7 不能动作。若先按下阀 2，后按下阀 1，则其效果与同时按下两个阀的效果相同。

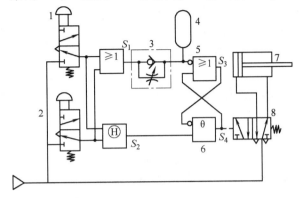

图 9-33　双手操作安全回路

1、2—二位三通按钮式换向阀　3—单向节流阀

4—蓄能器　5、6—"禁门"元件　7—气缸　8—主控制阀

第四节　气源装置及辅件

一、气源装置

气源装置是一套用来产生具有足够压力和流量的压缩空气并将其净化、处理及储存的装置。常见气源装置的组成如图 9-34 所示。

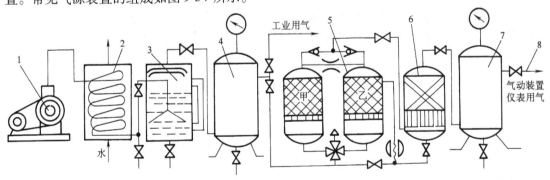

图 9-34　气源装置的组成

1—空气压缩机　2—后冷却器　3—除油器　4—储油罐　5—干燥器

6—过滤器　7—储气罐　8—输油管路

1. 空气压缩机

空气压缩机是气动系统的动力源，一般有活塞式、膜片式、叶片式、螺杆式等几种类型，其中最常使用的机型为活塞式压缩机。在选择空气压缩机时，其额定压力应等于或略高于所需的工作压力。其流量以气动设备最大耗气量为基础，并考虑管路、阀门泄漏量以及各种气动设备是否同时连续用气等因素。

2. 后冷却器

后冷却器安装在压缩机的出口处。它可以将压缩机排出的压缩气体温度由 120 ~ 150℃ 降至 40 ~ 50℃，使其中的水汽、油雾凝结成水滴，经除油器析出。

后冷却器常采用水冷换热装置，其结构形式有：列管式、散热片式、套管式、蛇管式和板式等。其中，蛇管式冷却器最为常用。

3. 除油器

除油器也称为油水分离器，其作用是将压缩空气中凝聚的水分和油分等杂质分离出来，使压缩空气得到初步净化。其结构形式有：环形回转式、撞击折回式、离心旋转式和水浴式等。

撞击折回并环形回转式除油器如图 9-35 所示。压缩空气自入口进入除油器后，因撞击隔板而折回向下，继而又回升向上，形成回转环流，使水滴、油滴和杂质在离心力和惯性力作用下从空气中分离并析出，沉降于除油器的底部，经排污阀排出。

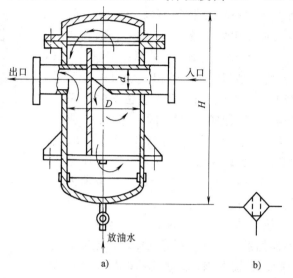

图 9-35　撞击折回并环形回转式除油器

a）结构原理　b）图形符号

4. 干燥器

干燥器的作用是为了满足精密气动装置用气的需要，把已初步净化的压缩空气进一步净化，吸收和排出其中的水分、油分及杂质，使湿空气变成干空气。干燥器的形式有吸附式、加热式、冷冻式等几种。

5. 空气过滤器

空气过滤器的作用是滤除压缩空气中的水分、油滴及杂质，以达到气动系统所要求的净化程度。它的基本结构如图 9-36 所示。压缩空气从输入口进入后被引入旋风叶子 1，旋风叶子上有很多小缺口，迫使空气沿旋风叶子的切线方向强烈旋转，夹杂在空气中的水滴、油滴和杂质在离心力的作用下被分离出来，

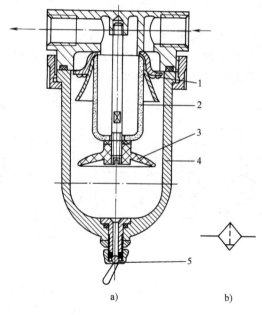

图 9-36　空气过滤器

a）结构原理　b）图形符号

1—旋风叶子　2—滤芯　3—挡水板

4—存水杯　5—手动放水阀

沉积在存水杯底，而气体经过中间滤芯时，又将其中的微粒杂质和雾状水分滤下，使其沿挡水板流入杯底，洁净空气便可经出口输出。

选取空气过滤器的主要依据是系统所需要的流量、过滤精度和容许压力等参数，空气过滤器与减压阀、油雾器一起构成气源的调节装置（气动三联件）。空气过滤器通常垂直安装在气动设备的入口处，进、出气孔不得装反，使用中要注意定期放水、清洗或更换滤芯。

6. 储气罐

储气罐是气动系统中用来调节气流，以减小输出气流压力脉动变化的。它可以使输出的气流具有连续性和稳定性。

已知空气压缩机排气流量为 q_V，所需储气罐的容积 V_c 可参考下述经验公式：

1）当 $q_V < 6\mathrm{m}^3/\mathrm{min}$ 时，$V_c = 0.2q_V$。

2）当 $q_V = 6 \sim 30\mathrm{m}^3/\mathrm{min}$ 时，$V_c = 0.15q_V$。

3）当 $q_V > 30\mathrm{m}^3/\mathrm{min}$ 时，$V_c = 0.1q_V$。

二、气动辅件

1. 油雾器

油雾器是气压系统中一个特殊的注油装置，其作用是把润滑油雾化后，经压缩空气携带进入系统中需要润滑的部位，以满足润滑的需要。

油雾器的基本结构如图9-37a所示。压缩空气从输入口进入油雾器后，大部分从主气道流出，一小部分通过小孔 A 进入阀座 8 中，此时特殊单向阀在压缩空气和弹簧的作用下处于中间位置（见图9-38），所以气体又进入储油杯 4 上腔 C，使油液受压后经吸油管 7 将单

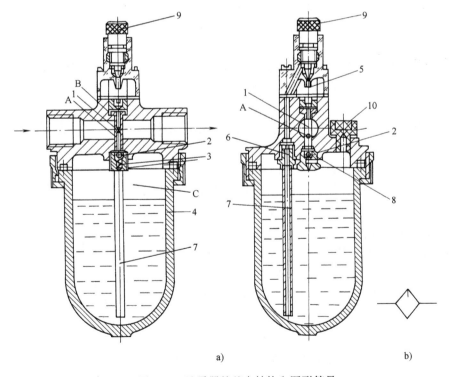

a)   b)

图9-37 油雾器的基本结构和图形符号

a）基本结构 b）图形符号

1—喷嘴 2—特殊单向阀 3—弹簧 4—储油杯 5—视油器 6—单向阀 7—吸油管

8—阀座 9—节流阀 10—油塞

向阀 6 顶起。因钢球上方有一个边长小于钢球直径的方孔，所以钢球不能封死上管道，而使油不断地进入视油器 5 内，再滴入喷嘴 1 腔内，被主气道中的气流从小孔 B 中引射出来。进入气流中的油滴被高速气流击碎并雾化后经输出口输出，视油器上的节流阀 9 可调节滴油量，使滴油量可在 0 ~ 200 滴/min 范围内变化。当旋松油塞 10 后，储油杯上腔 C 与大气相通，此时特殊单向阀 2 的背压逐渐降低，输入气体使特殊单向阀 2 关闭，从而切断了气体与上腔 C 间的通路，致使气体不能进入上腔 C 中；单向阀 6 也由于 C 腔中的压力降低处于关闭状态，气体也不会从吸油管进入 C 腔。因此，可以在不停止供应气源的情况下从油塞口给油雾器加油。

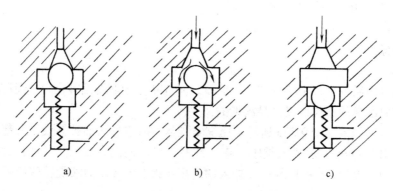

图 9-38 特殊单向阀的工作情况

a）不工作时 b）工作进气时 c）加油时

油雾器在使用过程中要尽量靠近换向阀并进行垂直安装；供油量一般以 10m³ 自由空气用油 1mL 为标准，也可根据实际情况作相应调整。

2. 消声器

消声器的作用是消除或降低因压缩气体高速通过气动元件时产生的刺耳噪声。

膨胀干涉吸收型消声器的基本结构和图形符号如图 9-39 所示。气流经对称斜孔分成多束进入扩散室 A 后得以继续膨胀，减速后与反射套发生碰撞，然后反射到 B 室中，在消声器的中心部位，气流束间发生互相撞击和干涉。当两个声波相位相反时，声波的振幅通过互相削弱作用以达到消耗声能的目的。最后，声波通过消声器内壁的消声材料，使残余声能因与消声材料的细孔发生相互摩擦而转变为热能，再次达到降低声强的效果。为避免这一过程影响控制阀切换的速度，在选择消声器时，要注意使排气阻力不能太大。

3. 转换器

转换器是一种可以将电、液、气信号发生相互转

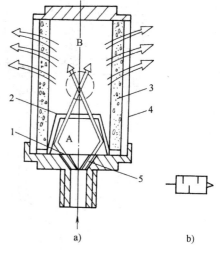

图 9-39 膨胀干涉吸收型消声器的基本结构和图形符号

a）基本结构 b）图形符号

1—扩散室 2—反射套 3—吸音材料

4—套壳 5—对称斜孔

换的辅件。常用的转换器有气/电、电/气、气/液转换器等。

图9-40所示为低压气/电转换器的基本结构。它是一种将气信号转换成电信号的元件，也称其为压力继电器。这种转换器的硬芯与焊片是两个常断触点。若输入气压信号，膜片将向上弯曲并带动硬芯与限位螺钉相接触，即与焊片导通，发出电信号。气信号消失后，膜片带动硬芯复位，触点断开，电信号也随着消失。安装转换器时不应出现倾斜和倒置，以免发生误动作使控制过程失灵。

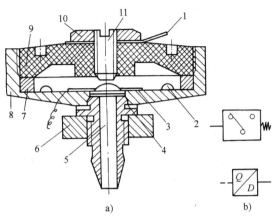

图9-40　低压气/电转换器的基本结构和图形符号
a）基本结构　b）图形符号
1—焊片　2—硬芯　3—膜片　4—密封垫
5—气动信号输入孔　6、10—螺母　7—压圈
8—外壳　9—盖　11—限位螺钉

图9-41所示为低压电/气转换器的工作原理，其作用与气/电转换器正相反，是将电信号转换为气信号的元件。没有电信号时，橡胶挡板4在弹簧1的作用下向上抬起，喷嘴打开，由气源输入的气体经喷嘴排空，输出口无输出。当线圈2通入电流时，产生的磁场将衔铁3吸下，橡胶挡板将喷嘴关闭，输出口有气信号输出。

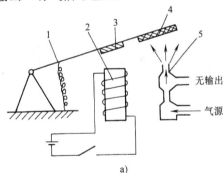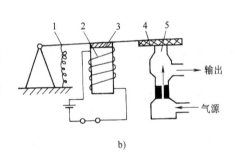

图9-41　低压电/气转换器的工作原理
a）断电状态　b）通电状态
1—弹簧　2—线圈　3—衔铁　4—橡胶挡板　5—喷嘴

复习思考题

1. 简述常见气缸的类型、功能和用途。

2. 单杆双作用气缸的内径 $D = 125\text{mm}$，活塞杆的直径 $d = 36\text{mm}$，工作压力 $p = 0.5\text{MPa}$，气缸负载的效率为 $\eta = 0.5$，求气缸的拉力和推力各是多少。

3. 气源装置由哪些元件组成？

4. 气动方向阀有哪几种类型？各自的功能是什么？

5. 减压阀是如何实现调压的？

6. 什么叫气源调节装置（气动三联件），每个元件起什么作用？

7. 快速排气阀为什么能快速排气？

8. 在气动元件中，哪些元件具有记忆功能？

第十章

气动系统基本回路

气动基本回路是由相关气动元件组成的，用来完成某种特定功能的典型管路结构。它是气压传动系统中的基本组成单元。一般按其功能分类：用来控制执行元件运动方向的回路被称为方向控制回路；用来控制系统或某支路压力的被称为压力控制回路；用来控制执行元件速度的被称为调速回路；用来控制多缸运动的被称为多缸运动回路。

第一节　方向控制回路

一、单控换向回路

图 10-1 所示为采用无记忆作用的单控换向阀的换向回路，其中图 10-1a 为气控换向回路；

图 10-1b 为电控换向回路；图 10-1c 为手控换向回路。当施加控制信号后，则气缸活塞杆向外伸出；控制信号一旦消失，不论活塞杆运动到何处，活塞杆立即退回。在实际使用过程中，必须保证控制信号有足够的延迟时间，否则会出现事故。

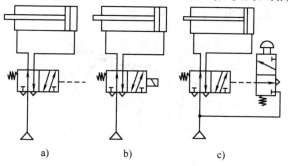

图 10-1　采用单控换向阀的换向回路
a）气控换向　b）电控换向　c）手控换向

二、双控换向回路

图 10-2 所示为采用有记忆作用的双控换向阀的换向回路，其中图 10-2a 为双气控换向回路；图 10-2b 为双电控换向回路。因回路中的主控阀具有记忆功能，故可以使用脉冲控制信号（但脉冲宽度应能保证主控阀换向），而且只有施加一个相反的控制信号后，主控阀才会进行换向。

三、自锁式换向回路

图 10-3 所示为自锁式换向回路，主控阀采用无记忆功能的单控换向阀，这是一个手动换向回路。当按下手动阀 1 的按钮后，主控阀右位接入，气缸活塞杆向左伸出，这时即使将手动阀 1 的按钮松开，主动阀也不会换向。只有当手动阀 2 的按钮压下后，控制信号才会消失，主控阀开始换向复位，左位接入，气缸活塞杆向右退回。这种回路要求控制管路和手动阀不能有漏气现象。

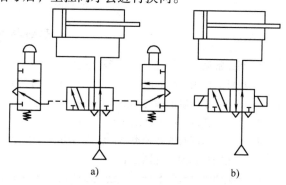

图 10-2　采用双控换向阀的换向回路
a）双气控换向　b）双电控换向

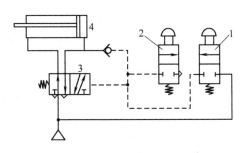

图 10-3 自锁式换向回路

1、2—手动阀 3—主控阀 4—气缸

第二节 压力控制回路

一、调压回路

常用的调压回路如图 10-4 所示。其中，图 10-4a 是最基本的压力控制回路，由气源调节装置、过滤器、减压阀和油雾器组成。该回路用减压阀来实现气动系统气源的压力控制。图 10-4b 是一条可以提供两种压力的调压回路，气缸有杆腔内的压力由调压阀 5 调定，无杆腔内的压力由调压阀 4 来调定。

二、增压回路

如图 10-5 所示，压缩空气经电磁阀 1 进入增压器 2 或 3 的大活塞端，并推动活塞杆把小活塞端的液压油压入工作缸 5 中，使工作缸在高压下运动。其增压比：$n = D^2/D_1^2$。其中，节流阀 4 的功能是调节工作缸的运动速度。

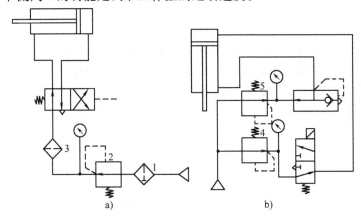

图 10-4 常用的调压回路

a）最基本的压力控制回路

b）可提供两种压力的调压回路

1—过滤器 2、4、5—调压阀 3—油雾器

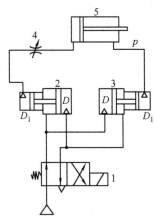

图 10-5 增压回路

1—电磁阀 2、3—增压器

4—节流阀 5—工作缸

第三节 速度控制回路

一、节流调速回路

图 10-6 所示为采用单向节流阀实现排气节流的速度控制回路。通过调节节流阀的开度

可以实现气缸背压的控制，以完成气缸双向运动速度的调节。

图 10-7 所示为利用两个单向节流阀来实现气缸活塞杆伸出和退回两个方向的速度控制，经单向阀进气，由节流阀排气。

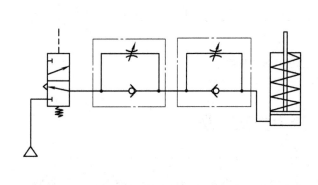

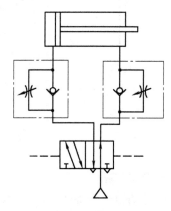

图 10-6　单作用气缸速度控制回路

图 10-7　双作用气缸
节流调速回路

二、缓冲回路

如图 10-8 所示，当活塞向右运动时，工作缸右腔中的气体经机控换向阀和三位五通换向阀排出；当活塞运动到末端时，机控换向阀被压下，右腔气体经节流阀和三位五通阀排出，以实现对活塞运动速度的缓冲，通过调整机控换向阀的安装位置，可以改变缓冲过程的起始时刻。

三、气/液调速回路

图 10-9 所示为采用气/液转换器的调速回路。当电磁阀处于下位时，气压作用在气缸无杆腔活塞上，有杆腔内的油液经机控换向阀进入气/液转换器，此时活塞杆快速伸出。当活塞杆压下机控换向阀时，有杆腔内的油液只能通过节流阀进入气/液转换器，使活塞杆伸出的速度减慢。当电磁阀处于上位时，活塞杆将快速返回。此调速回路可实现快进、工进、快退等工况。

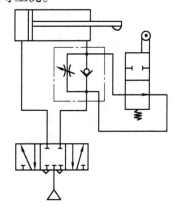

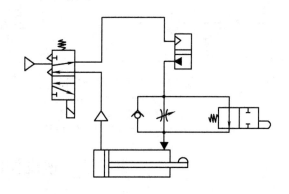

图 10-8　缓冲回路

图 10-9　采用气/液转换器的调速回路

四、其他回路

1. 同步回路

图 10-10 所示为两活塞杆采用刚性连接的同步回路。

图 10-11 所示为气/液缸串联同步回路，回路中缸 1 的下腔与缸 2 的上腔相连，内部注满液压油，只要保证缸 1 下腔的有效面积和缸 2 上腔的有效面积相等，就可以实现两缸同步动作。在位置 3 可外接放气阀，用于排出混入油中的气体。

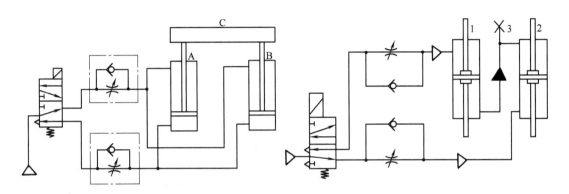

图 10-10　两活塞杆采用刚性连接的同步回路

图 10-11　气/液缸串联同步回路
1、2—工作缸　3—接放气阀处

2. 安全保护回路

（1）自锁回路　图 10-12 所示为典型自锁回路，而且又是一个手控换向回路。当按下手动阀 1 的按钮后，主控阀右位接入，气缸中的活塞杆将向左伸出，这时即便将手动阀 1 的按钮松开，主控阀也不会进行换向。只有当将手动阀 2 的按钮按下后，控制信息逐渐消失，主控阀出现换向复位并左位接入，气缸中的活塞杆才向右退回。

（2）互锁回路　如图 10-13 所示，主控阀的换向将受三个串联机控三通阀的控制，只有三个机控三通阀都接通时，主控阀才能换向，气缸才能动作。

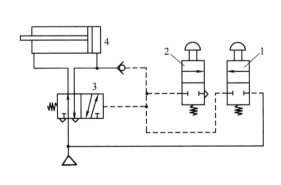

图 10-12　典型自锁回路
1、2—手动阀　3—主控阀　4—气缸

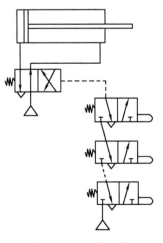

图 10-13　互锁回路

（3）过载保护回路　如图 10-14 所示，当活塞向右运行过程中遇到障碍或其他原因使气缸过载时，左腔内的压力将逐渐升高，当其超过预定值时，打开顺序阀 3，使换向阀 4 换向，换向阀 1、2 同时复位，气缸返回，保护设备安全。

3. 往复动作回路

图 10-15 所示为常用的单往复动作回路。按下阀 1，阀 3 进行换向，活塞向右运行。当活塞杆上的撞块碰到机械控制阀 2 时，阀 3 复位，活塞自动返回，完成一次往复动作。

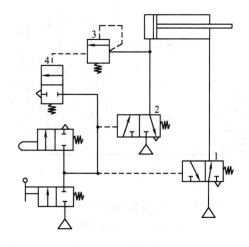

图 10-14　过载保护回路
1、2、4—换向阀　3—顺序阀

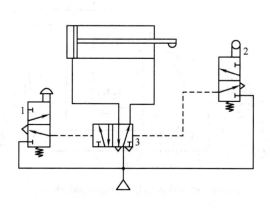

图 10-15　单往复动作回路
1—人力控制阀　2—机械控制阀　3—换向阀

复习思考题

1. 简述常见气动压力控制回路及其用途。

2. 试用顺序阀构成两缸顺序动作回路，完成 A_1、B_1、A_0（B_0）循环（A、B 表示气缸，下标 1 表示气缸伸出，0 表示缩回。如 A_1 表示气缸 A 伸出）。

3. 试设计一个能完成快进—工进—快退的自动工作循环回路。

第十一章

气压传动系统

第一节　气压传动系统应用分析

一、气液动力滑台

气液动力滑台是采用气-液阻尼缸作为执行元件,在它的上面安装单轴头、动力箱或工件,因而它在机床上常作为实现进给运动的部件。

图 11-1 所示为气液动力滑台的工作原理。图中阀 1、2、3 和阀 4、5、6 分别组成两个组合阀。该气液动力滑台能够完成下面两种工作循环:

1. 快进—工进—快退—停止

其动作原理为:手动阀 4 处于图 11-1 所示状态。当手动阀 3 切换至右位时,相当于给与进刀信号,在气压作用下,活塞开始向下运动,液压缸活塞下腔中的油液经机控阀 6 的左位和单向阀 7 进入液压缸活塞的上腔,进而实现快进动作;当快进到活塞杆上的挡铁 B 切换机控阀 6(使它处于右位)后,油液只能经节流阀 5 进入活塞上腔,调节节流阀开度的大小,即可调节气-液阻尼缸运动速度。这时开始工进(工作进给)动作,当工进到挡铁 C 使机控阀 2 切换至左位时,输出气信号使阀 3 切换至左位,这时气缸活塞开始向上运动。液压缸活塞上腔的油液经阀 8 左位流回活塞下腔。当液压缸活塞行至图示位置时,挡铁 A 使阀 8 换向而使油液通道被切断,活塞就停止运动。所以改变挡铁 A 的位置,就能改变"停"的位置。

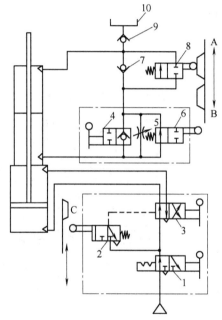

图 11-1　气液动力滑台的工作原理
1、3、4—手动阀　2、6、8—机控阀
5—节流阀　7、9—单向阀　10—油箱

2. 快进—工进—慢退—快退—停止

其动作原理为:将手动阀 4 关闭,其动作循环中的快进、工进的动作原理与上述情况相同。当工进至挡铁 C 切换机控阀 2 至左位时,输出气信号使阀 3 切换至左位,气缸中的活塞开始向上运动,这时液压缸上腔的油液经机控阀 8 的左位和节流阀 5 进入液压缸活塞的下腔,亦即实现了慢退(反向进给)动作;当慢退到挡铁 B 离开阀 6 的顶杆而使其复位(处于左位)后,液压缸活塞上腔的油液就经阀 8 的左位、阀 6 的左位进入液压缸活塞的下腔,开始快退动作;快退到挡铁 A 切换阀 8 至图示位置时,油液通路被切断,活塞就停止运动。

油箱 10 和单向阀 9 的作用是可以补偿系统中的漏油。

二、气动机械手

在自动生产设备和生产线上，可根据各种自动化设备的工作需要，广泛采用能按照设定的控制程序进行顺序动作的气动机械手。

某专用设备上采用的气动机械手的结构示意图，如图 11-2 所示。它由四个气缸组成，可在三个坐标内进行工作。图中 A 为夹紧缸，其活塞杆退回时可以夹紧工件；B 缸为长臂伸缩缸；C 缸为立柱升降缸；D 缸为立柱回转缸，该气缸有两个活塞，分别安装在带齿条的活塞杆两端，通过齿条的往复运动带动立柱上的齿轮做旋转运动，从而实现立柱的回转。

图 11-3 所示为气动机械手的控制回路。该机械手的动作顺序为：立柱下降 → 伸臂 → 夹紧工件 → 缩臂 → 立柱顺时针转 → 立柱上升 → 放开工件 → 立柱逆时针转。该系统的工作循环分析如下：

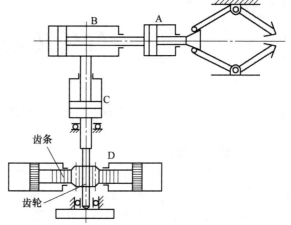

图 11-2　气动机械手的结构示意图

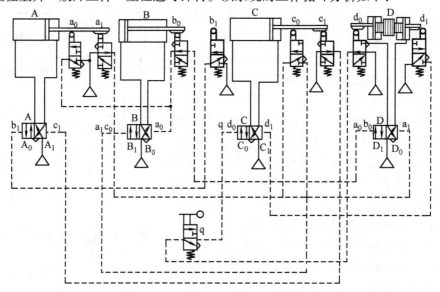

图 11-3　气动机械手的控制回路

按下启动阀 q，主控阀 C 将处于 C_0 位，活塞杆退回，立柱下降；当 C 缸活塞杆上的挡铁碰到 c_0，则控制气将使主控阀 B 处于 B_1 位，使 B 缸中的活塞杆向右伸出，即伸臂；当 B 缸活塞杆上的挡铁碰到 b_1，则控制气使主控阀 A 处于 A_0 位，A 缸中的活塞杆退回，将工件夹紧；当 A 缸活塞杆上的挡铁碰到 a_0，则控制气将使主控阀 B 处于 B_0 位，B 缸活塞杆退回，即缩臂；当 B 缸活塞杆上的挡铁碰到 b_0，则控制气使主控阀 D 处于 D_1 位，D 缸活塞杆右行，立柱将顺时针旋转；当 D 缸活塞杆上的挡铁碰到 d_1，则控制气使主控阀 C 处于 C_1 位，使 C 缸活塞杆伸出，立柱上升；当 C 缸活塞杆上的挡铁碰到 c_1，则控制气使主控阀 A

处于 A_1 位，使 A 缸活塞杆伸出，放开工件；当 A 缸活塞杆上的挡铁碰到 a_1，则控制气使主控阀 D 处于 D_0 位，使 D 缸活塞杆左行，立柱逆时针转；当 D 缸活塞杆上的挡铁碰到 d_0，则控制气经启动阀 q 又使主控阀 C 处于 C_0 位，于是又开始新一轮的工作循环。

三、气动伺服定位系统

气动伺服定位系统可以依据输入的电信号使气缸中的活塞在任意位置进行定位。目前，德国费斯托（FESTO）公司所研制的气动伺服定位系统的定位精度可达 ±0.2mm，活塞的最高速度可达 3m/s。

图 11-4 所示为一气动伺服定位系统的工作原理。它由电-气方向比例阀 1、气缸 2、位移传感器 3、控制放大器 4 等组成。该系统的基本原理是通过控制放大器、电-气比例阀及气缸的调节作用，使输入电压信号 u_e 与气缸位移反馈信号 u_f 之差 Δu 逐渐减小并趋于零，从而实现气缸位移对输入信号的跟踪作用。

其调节过程如下：当给定的输入信号 u_e 大于反馈信号 u_f，即 $\Delta u > 0$ 时，控制放大器输出电流 I 增大，电-气比例阀的阀芯左移，气源口与 A 口之间的节流面积增大，从而使气缸 A 腔的压力 p_a 升高，推动气缸 2 的活塞右移。气缸活塞的右移使反馈电压信号 u_f 增大，电压偏差 Δu 随之减小，如此反复，直至 Δu 趋近于 0。反之，当给定的输入信号 u_e 小于反馈信号 u_f，即 $\Delta u < 0$ 时，通过与上述相反的调节过程使偏差 Δu 趋于 0。在系统达到稳定时，$\Delta u = 0$，即 $u_e = u_f = kx$，式中 k 为比例系数，x 为气缸活塞位移。这样便可以实现输入信号 u_e 对气缸活塞位移 x 的定位控制。

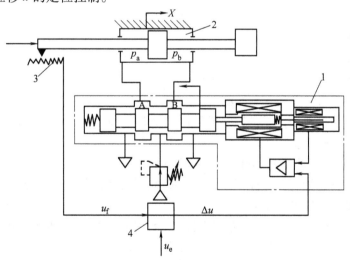

图 11-4　气动伺服定位系统的工作原理
1—电-气方向比例阀　2—气缸　3—位移传感器　4—控制放大器

第二节　气动系统的安装与调试、使用及维护

一、气动系统的安装与调试

1. 气动系统的安装

气动系统的安装并不是简单地用管子把各种阀连接起来，其实质是设计的延续。作为一

种生产设备，它首先应保证运行可靠、布局合理、安装工艺正确、维修及检测方便。此外还应注意如下事项：

（1）管道的安装　安装前要彻底清理管道内的粉尘及杂物；管子支架要牢固，工作时不得产生振动；接管时要充分注意密封性，防止出现漏气，尤其注意接头处及焊接处；管路尽量平行布置，减少交叉，力求最短，转弯最少，并考虑到能自由拆装。安装软管要有一定的转弯半径，不允许有拧扭现象，且应远离热源或安装隔热板。

（2）元件的安装　应严格按照阀上推荐的安装位置和标明的安装方向进行安装施工；逻辑元件应按照控制回路的需要，将其成组地装在底板上，并在底板上开出气路，用软管接出；可移动缸的中心线应与负载作用力的中心线重合，否则易产生侧向力，使密封件加速磨损、活塞杆弯曲；对于各种控制仪表、自动控制器、压力继电器等，在安装前要选型进行校验。

2. 气动系统的调试

1）调试前，要熟悉说明书等有关技术资料，力求全面了解系统的原理、结构、性能和操作方法；了解元件在设备上的实际位置、元件调节的操作方法及调节旋钮的旋向；还要准备好相应的调试工具等。

2）空载时，运行时间一般不少于 2h，且注意观察压力、流量、温度的变化，如发现异常应立即停车检查，待排除故障后才能继续运转。

3）负载试运转应分段加载，运转一般不少于 4h，分别测出有关数据，记入试运转记录。

二、气动系统的使用及维护

（1）气动系统使用时的注意事项　开车前后要放掉系统中的冷凝水；定期给油雾器注油；开车前要检查各调节手柄是否在正确位置，机控阀、行程开关、挡块的位置是否正确、牢固；对导轨、活塞杆等外露部分的配合表面进行擦拭；随时注意压缩空气的清洁度，对空气过滤器的滤芯要定期清洗；设备长期不用时，应将各手柄放松，防止因弹簧发生永久变形而影响各元件的调节性能。

（2）压缩空气的污染及防止方法　压缩空气的质量对气动系统的性能影响极大，如被污染将使管路和元件锈蚀、密封件变形、堵塞喷嘴，使系统不能正常工作。压缩空气的污染主要来自水分、油分和粉尘三个方面。

1）及时排除系统各排水阀中积存的冷凝水。注意经常检查自动排水器、干燥器的工作是否正常，定期清洗空气过滤器、自动排水器的内部元件等。

2）清除压缩空气中的油分。对于较大的油分颗粒，通过除油器和空气过滤器的分离作用可将其与空气分开，并经设备底部的排污阀排除；较小的油分颗粒，则可通过活性炭的吸附作用加以清除。

3）防止粉尘侵入压缩机。经常清洗空气压缩机前的预过滤器、定期清洗空气过滤器的滤芯，及时更换滤清元件等。

（3）气动系统的日常维护　气动系统日常维护的主要是指对冷凝水和系统润滑的管理。对冷凝水管理的方法在前面已讲述，这里仅介绍对系统润滑的管理。

气动系统中从控制元件到执行元件，凡有相对运动的表面都需要进行润滑。如润滑不当，将会使摩擦阻力增大而导致元件动作不良，因密封面磨损会引起系统泄露等。

润滑油黏度的高低直接影响润滑的效果。通常，高温环境下用高黏度润滑油，低温环境下用低黏度润滑油。如果温度特别低，为克服起雾困难可在油杯内装加热器。供油量是随润滑部位的形状、运动状态及负载大小而变化的，而且供油量总是大于实际需要。一般以每10m³ 自由空气供给 1mL 的油量为基准。

注意油雾器的工作是否正常，如果发现油量没有减少，需及时检修或更换油雾器。

（4）气动系统的定期检修 定期检修的时间通常为 3 个月。其主要内容有：

1）查明系统各泄漏处，并设法予以解决。

2）通过对方向控制阀排气口的检查，判断润滑油是否适度，空气中是否有冷凝水。如果润滑不良，考虑油雾器规格是否合适，安装位置是否恰当，滴油量是否正常等。如果有大量冷凝水排出，考虑过滤器的安装位置是否恰当，排除冷凝水的装置是否合适，冷凝水的排除是否彻底。如果方向控制阀排气口关闭时，仍有少量泄漏，往往是元件损伤的初期阶段，检查后，可更换受磨损元件以防止发生动作不良。

3）检查安全阀、紧急安全开关动作是否可靠。定期检修时，必须确认它们动作的可靠性，以确保设备和人身安全。

4）观察换向阀的动作是否可靠。根据换向时声音是否异常，判断铁心和衔铁配合处是否夹有杂质。检查铁心是否有磨损，密封件是否老化。

5）反复开关换向阀观察气缸动作，判断活塞上的密封是否良好。检查活塞外露部分，判定前盖的配合处是否有泄漏。

上述各项检查和修复的结果应记录下来，以作为设备出现故障查找原因和设备大修时的参考。

气动系统的大修间隔期为一年或几年。其主要内容是检查系统各元件和部件，判定其性能和寿命，并对平时产生故障的部位进行检修或更换元件，排除修理间隔期内一切可能产生故障的因素。

三、气动系统主要元件的常见故障及排除方法

气动系统主要元件的常见故障及排除方法见表 11-1 ~ 表 11-6。

表 11-1 减压阀的常见故障及排除方法

故 障	原 因	排 除 方 法
二次压力升高	①阀弹簧损坏 ②阀座有伤痕，或阀座橡胶剥落 ③阀体中夹入灰尘，阀导向部分粘附异物 ④阀芯导向部分和阀体的 O 形密封圈收缩、膨胀	①更换阀弹簧 ②更换阀体 ③清洗、检查过滤器 ④更换 O 形密封圈
压力下降很大（流量不足）	①阀口通径小 ②阀下部积存冷凝水；阀内混有异物	①使用通径较大的减压阀 ②清洗、检查过滤器
溢流口总漏气	①溢流阀座有伤痕（溢流式） ②膜片破裂 ③二次压力升高 ④二次侧背压增高	①更换溢流阀座 ②更换膜片 ③参看"二次压力升高"栏 ④检查二次侧的装置、回路

（续）

故　障	原　因	排　除　方　法
阀体漏气	①密封件损伤 ②弹簧松弛	①更换密封件 ②张紧弹簧
异常振动	①弹簧的弹力减弱、弹簧错位 ②阀体中心、阀杆中心错位 ③因空气消耗量周期变化，使阀不断开启、关闭，与减压阀引起共振	①把弹簧调整到正常位置，更换弹力减弱的弹簧 ②检查并调整位置偏差 ③改变阀的固有频率

表 11-2　溢流阀的常见故障及排除方法

故　障	原　因	排　除　方　法
压力虽上升，但不溢流	①阀内的孔堵塞 ②阀心导向部分进入异物	①清洗 ②清洗
压力虽没有超过设定值，但在二次侧却溢出空气	①阀内进入异物 ②阀座损伤 ③调压弹簧损坏	①清洗 ②更换阀座 ③更换调压弹簧
溢流时发生振动（主要发生在膜片式阀），启闭压力差较小	①压力上升速度很慢，溢流阀放出流量多，引起阀振动 ②因从压力上升源到溢流阀之间被节流，阀前部压力上升慢而引起振动	①二次侧安装针阀微调溢流量，使其与压力上升量匹配 ②增大压力上升源到溢流阀的管路通径
从阀体和阀盖向外漏气	①膜片破裂（膜片式） ②密封件损伤	①更换膜片 ②更换密封件

表 11-3　换向阀的常见故障及排除方法

故　障	原　因	排　除　方　法
不能换向	①阀的滑动阻力大，润滑不良 ②O 形密封圈变形 ③粉尘卡住滑动部分 ④弹簧损坏 ⑤阀操纵力小 ⑥活塞密封圈磨损	①进行润滑 ②更换密封圈 ③消除粉尘 ④更换弹簧 ⑤检查阀操纵部分 ⑥更换密封圈
阀产生振动	①空气压力低（先导型） ②电源电压低（电磁阀）	①提高操作压力，或采用直动型 ②提高电源电压，或使用低电压线圈

（续）

故　障	原　因	排　除　方　法
交流电磁铁有蜂鸣声	①H型活动铁心密封不良 ②粉尘进入T型铁心的滑动部分,使活动铁心不能密切接触 ③短路环损坏 ④电源电压低 ⑤外部导线拉得太紧	①检查铁心接触和密封性,必要时更换铁心组件 ②清除粉尘 ③更换活动铁心 ④提高电源电压 ⑤引线应宽裕
电磁铁动作时间偏差大,或有时不能动作	①活动铁心锈蚀,不能移动;在湿度高的环境中使用气动元件时,由于密封不完善而向磁铁部分泄露空气 ②电源电压低 ③粉尘进入活动铁心的滑动部分,使运动恶化	①铁心除锈,修理好对外部的密封,更换坏的密封件 ②提高电源电压或使用符合电压的线圈 ③清除粉尘
线圈烧毁	①环境温度高 ②快速循环使用时 ③因为吸引时电流大,单位时间耗电多,温度升高,使绝缘损坏而短路 ④粉尘夹在阀和铁心之间,不能吸引活动铁心 ⑤线圈上残余电压	①按产品规定温度范围使用 ②使用高级电磁阀 ③使用气动逻辑回路 ④清除粉尘 ⑤使用正常电源电压,使用符合电压的线圈
切断电源,活动铁心不能退回	粉尘加入活动铁心滑动部分	清除粉尘

表11-4　气缸的常见故障及排除方法

故　障	原　因	排　除　方　法
外泄漏 （1）活塞杆与密封衬套间漏气 （2）气缸体与端盖间漏气 （3）从缓冲装置的调节螺钉处漏气	①衬套密封圈磨损 ②活塞杆偏心 ③活塞杆有伤痕 ④活塞杆与密封衬套的配合面内有杂质 ⑤密封圈损坏	①更换密封圈 ②重新安装,使活塞杆不受偏心负荷 ③更换活塞杆 ④除去杂质,安装防尘盖 ⑤更换密封圈
内泄漏 活塞两端串气	①活塞密封圈损坏 ②润滑不良 ③活塞被卡住 ④活塞配合面有缺陷,杂质挤入密封面	①更换活塞密封圈 ②改善润滑 ③重新安装,使活塞不受偏心负荷 ④缺陷严重者更换零件,除去杂质
输出力不足,动作不平稳	①润滑不良 ②活塞或活塞杆卡住 ③气缸体内表面有锈蚀或缺陷 ④进入了冷凝水、杂质	①调节或更换油雾器 ②检查安装情况,消除偏心 ③视缺陷大小确定排除故障办法 ④加强对空气过滤器和除油器的管理,定期排放污水

（续）

故　障	原　因	排　除　方　法
缓冲效果不好	①缓冲部分的密封性能较差 ②调节螺钉损坏 ③气缸速度太快	①更换密封圈 ②更换调节螺钉 ③分析缓冲机构的结构是否合适
损伤 (1)活塞杆折断 (2)端盖损坏	①有偏心负荷 ②摆动气缸安装轴销的摆动面与负荷摆动面不一致；摆动轴销的摆动角过大，负荷很大，摆动速度又快，有冲击装置的冲击加到活塞杆上；活塞杆承受负荷的冲击；气缸的速度太快 ③缓冲机构不起作用	①调整安装位置，消除偏心 ②使轴销摆角一致；确定合理的摆动速度；冲击不得加在活塞杆上，设置缓冲装置 ③在外部回路中设置缓冲机构

表 11-5　空气过滤器的常见故障及排除方法

故　障	原　因	排　除　方　法
压力过大	①使用过细的滤芯 ②过滤器的流量范围太小 ③流量超过过滤器的容量 ④过滤器滤芯网眼堵塞	①更换适当的滤芯 ②更换流量范围大的过滤器 ③更换大容量的过滤器 ④用净化液清洗（必要时更换）滤芯
从输出端溢流出冷凝水	①未及时排出冷凝水 ②自动排水器发生故障 ③超过过滤器的流量范围	①定期排水或安装自动排水器 ②修理（必要时更换） ③在适当流量范围内使用或者更换大容量的过滤器
输出端出现异物	①过滤器滤芯破损 ②滤芯密封不严 ③用有机溶剂清洗塑料件	①更换滤芯 ②更换滤芯的密封，紧固滤芯 ③用清洁的热水或煤油清洗
塑料水杯破损	①在有有机溶剂的环境中使用 ②空气压缩机输出某种焦油 ③压缩机从空气中吸入对塑料有害的物质	①使用不受有机溶剂侵蚀的材料（如使用金属杯） ②更换空气压缩机的润滑油，使用无油压缩机 ③使用金属杯
漏气	①密封不良 ②因物理（冲击）、化学原因使塑料杯产生裂痕 ③泄水阀、自动排水器失灵	①更换密封件 ②采用金属杯 ③修理（必要时更换）

表11-6　油雾器的常见故障及排除方法

故　　障	原　　因	排　除　方　法
油不能滴下	①没有产生油滴下所需的压力差 ②油雾器反向安装 ③油道堵塞 ④油杯未加压	①加上文丘里管或换成小的油雾器 ②改变安装方向 ③拆卸、检查、修理 ④因通往油杯的空气通道堵塞,需拆卸修理
油杯未加压	①通往油杯的空气通道堵塞 ②油杯大,油雾器使用频繁	①拆卸修理 ②加大通往油杯空气通孔,使用快速循环式油雾器
油滴数不能减少	油量调整螺栓失效	检修油量调整螺栓
空气向外泄漏	①油杯破损 ②密封不良 ③观察玻璃破损	①更换油杯 ②检修密封 ③更换观察玻璃
油杯破损	①用有机溶剂清洗 ②周围存在有机溶剂	①更换油杯,使用金属杯或耐有机溶剂油杯 ②与有机溶剂隔离

复习思考题

1. 图 11-1 所示为气液动力滑台的原理图，说明气液动力滑台实现快进—工进—慢退—快退—停止的工作过程。

2. 气动系统日常维护的主要内容有哪些？

3. 气动系统的定期检修主要内容有哪些？

4. 简述油雾器的常见故障及其排除方法。

附录 常用流体传动系统与元件图形符号
（摘自 GB/T 786.1—2009）

一、符号要素、功能要素、管路及连接

描 述	图形符号	描 述	图形符号	描 述	图形符号
工作管路 回油管路	0.1M	连接管路	●	弹簧	∧∧∧
控制管路 回油管路 放气管路	0.1M	交叉管路	╂	电磁操纵器	∧
组合元件 框线	0.1M	旋转管接头	○	温度指示或 温度控制	↓
液压源 （液压力 作用方向）	▶	三通	½⅓ ○ ½⅓	无连接排气	∨
气压源 （气压力 作用方向）	▷	旋转运 动方向	60° 9M	节流口	✕
流体单向 流动通路 和方向	3M	带单向阀 的快换 接头		节流器	)(
流体双向 流动通路 和方向	3M	不带单向 阀的快换 接头		单向阀座	90° ◇
封闭油、气 路和油气口	⊥	截止阀	⋈	输入信号	F—流量 G—位置或长度测量 L—液位 P—压力或真空 S—速度或频率 T—温度 W—质量或力
液压管路 内堵头	✕	软管总成			
两个流体管 道的连接	0.75M	可调性符号	↗		

注：M 为模数尺寸，与 GB/T 20063 一致的符号 $M = 2.5mm$，为缩小尺寸，M 可取 2.0mm。

二、控制机构和控制方法

描　述	图形符号	描　述	图形符号
带有分离把手和定位销的控制机构		具有可调行程限制装置的顶杆	
带有定位装置的推或拉控制机构		用作单方向行程操纵的滚轮杠杆	
单作用电磁铁，动作指向阀芯，连续控制		单作用电磁铁，动作指向阀芯	
双作用电气控制机构，动作指向或背向阀芯		单作用电磁铁，动作背离阀芯	
电气操纵的带有外部供油的液压先导控制机构		双作用电气控制机构，动作指向或背离阀芯，连续控制	
液压增压制动机构（用于方向控制阀）		带有外部先导供油，双比例电磁铁，双向操纵，集成在同一组件，连续工作的双先导装置的液压控制机构	
电气操纵的气动先导控制机构		用步进电动机的控制机构	

三、液压泵、液压（气）马达和液压（气）缸

描　述	图形符号	描　述	图形符号
单向旋转定量泵		双向变量泵或马达单元，双向流动，带外泄油路双向旋转	
双向流动，带外泄油路单向旋转的变量泵		单向旋转的定量泵或马达	

（续）

描　述	图形符号	描　述	图形符号
单向旋转变量泵		双输出旋转方向的定量马达	
限制摆动角度，双向流动的摆动执行器或旋转驱动		变量泵，先导控制，带压力补偿，单向旋转，带外泄油路	
单作用单杆缸，靠弹簧力返回行程，弹簧腔带连接油口		双作用单杆缸	
双作用双杆缸，活塞杆直径不同，双侧缓冲，右侧带调节		单作用缸，活塞缸	
单作用伸缩缸		双作用伸缩缸	
双作用带状无杆缸，活塞两端带终点位置缓冲		行程两端定位的双作用缸	
单作用的半摆动气缸或摆动马达		真空泵	
马达		空气压缩机	

（续）

描 述	图形符号	描 述	图形符号
变方向定流量双向摆动马达		活塞杆终端带缓冲的膜片缸，不能连接的通气孔	
单作用增压器，将气体压力 p_1 转换为更高的液体压力 p_2		单作用压力介质转换器，将气体压力转换为等值的液体压力，反之亦然	

四、控制元件

描 述	图形符号	描 述	图形符号
二位二通方向控制阀，两通，两位，推压控制机构，弹簧复位，常闭		二位二通方向控制阀，两通，两位，电磁铁操纵，弹簧复位，常开	
二位四通方向控制阀，电磁铁操纵，弹簧复位		二位三通方向锁定阀	
二位三通方向控制阀滚轮杠杆控制，弹簧复位		二位三通方向控制阀，单电磁铁操纵，弹簧复位，定位销式手动定位	
二位四通方向控制阀，单电磁铁操纵，弹簧复位，定位销式手动定位		二位四通方向控制阀，电磁铁操纵液压先导控制，弹簧复位	
三位四通方向控制阀，电磁铁操纵先导级和液压操纵主阀，主阀及先导级弹簧对中，外部先导供油和先导回油		三位四通方向控制阀，弹簧对中，双电磁铁直接操纵	

（续）

描　述	图形符号	描　述	图形符号
二位四通方向控制阀，液压控制，弹簧复位		三位四通方向控制阀，液压控制，弹簧对中	
二位五通方向控制阀，踏板控制		二位五通方向控制阀，定位销式各位置杠杆控制	
二位三通液压电磁换向座阀		溢流阀，直动式，开启压力由弹簧调节	
溢流阀，先导式，开启压力由先导弹簧调节		顺序阀，手动调节设定值	
二通减压阀，先导式，外泄型		二通减压阀，直动式，外泄型	
三通减压阀（液压）		电磁溢流阀，先导式，电气操纵预设定压力	
可调节流量控制阀，单向自由流动		可调节流量控制阀	

（续）

描　述	图形符号	描　述	图形符号
分流器，将输入流量分成两路输出		流量控制阀，滚轮杠杆操纵，弹簧复位	
集流器，保持两路输入流量相互恒定		单向阀，只能在一个方向自由流动	
先导式液压单向阀，带有弹簧复位，先导压力允许在两个方向自由流动		单向阀，带有弹簧复位，只能在一个方向流动，常闭	
梭阀（"或"逻辑），压力高的入口自动与出口接通		双单向阀，先导式	
可调节的机械电子压力继电器		比例溢流阀，先导控制，带电磁铁位置反馈	
直动式比例方向控制阀		先导式伺服阀，先导级带双线圈电气控制机构，双向连续控制，阀芯位置机械反馈到先导装置，集成电子器件	
比例流量控制阀，直控式		压力控制和方向控制插装阀插件，座阀结构，面积比例1:1	
方向控制插装阀插件，带节流端的座阀结构，面积比例≤0.7		方向控制插装阀插件，座阀结构，面积比例>0.7	

（续）

描　述	图形符号	描　述	图形符号
带溢流和限制保护功能的阀芯插件，滑阀结构，常闭		带液压控制梭阀的控制盖	
带方向控制阀的二通插装阀		带溢流功能的二通插装阀	
外部控制的顺序阀		调压阀，远程先导可调，溢流，只能向前流动	
内部流向可逆调压阀		气动软起动阀，电磁铁操纵，内部先导控制	
延时控制气动阀，其入口接入一个系统，使得气体低速流入直达到预设压力阀口才全开		二位三通方向控制阀，差动先导控制	
二位五通气动方向控制阀，先导式压电控制，气压复位		二位五通气动方向控制阀，单作用电磁铁，外部先导供气，手动操作，弹簧复位	
二位五通直动式气动方向控制阀，机械弹簧与气压复位		三位五通直动式气动方向控制阀，弹簧对中，中位时两出口都排气	
双压阀（"与"逻辑），并且仅当两进气口有压力时才会有信号输出，较弱的信号从出口输出		快速排气阀	

五、辅助元件

描　述	图形符号	描　述	图形符号
压力测量单元（压力表）		流量计	
温度计		模拟信号输出压力传感器	
不带冷却液流道指示的冷却器		过滤器	
电动机		加热器	
囊隔式充气蓄能器（囊式蓄能器）		液位指示器（液位计）	
离心式分离器		自动排水聚结式过滤器	
手动排水流体分离器		带手动排水分离器的过滤器	
自动排水流体分离器		吸附式过滤器	
油雾分离器		空气干燥器	
油雾器		消声器	
气罐		声音指示器	

参 考 文 献

[1] 姜佩东. 液压与气压技术［M］. 北京：高等教育出版社，2000.

[2] 张群生. 液压与气压传动［M］. 北京：机械工业出版社，2003.

[3] 中国机械工业教育协会. 液压与气压传动［M］. 北京：机械工业出版社，2002.

[4] 陈奎生. 液压与气压传动［M］. 武汉：武汉理工大学出版社，2001.

[5] 卢醒庸. 液压与气压传动［M］. 上海：上海交通大学出版社，2002.

[6] 颜荣庆，李自光，贺尚红. 现代工程机械液压与液力系统［M］. 北京：人民交通出版社，2000.

[7] 姜继海，宋锦春，高常识. 液压与气压传动［M］. 北京：高等教育出版社，2002.

[8] 章宏甲，黄谊，王积伟. 液压与气压传动［M］. 北京：机械工业出版社，2000.

[9] 马胜钢. 液压与气压传动［M］. 北京：机械工业出版社，2011.